……21世纪高等院校……
艺术设计专业精品教材

鲁晓波 蒋啸镝
张夫也 孙建君 ¤顾问

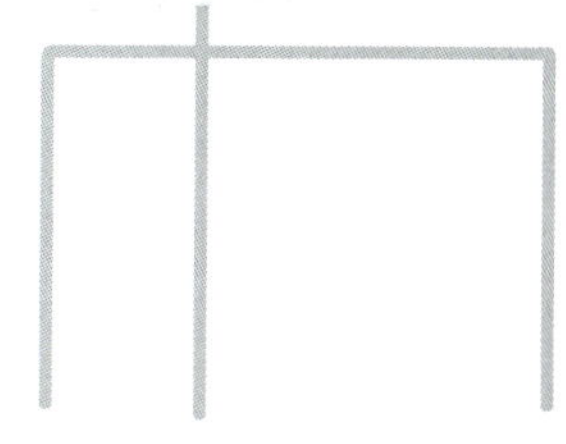

室内设计手绘表现技法

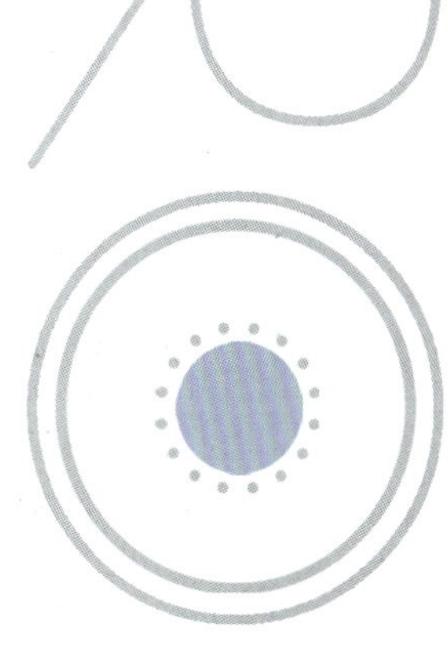

主　编　李梅红　姜立善
副主编　张　婷　高　阳　温　非
　　　　杨丹丹　原晓婷　陈　艳
参　编　张丽丽　王爱芬

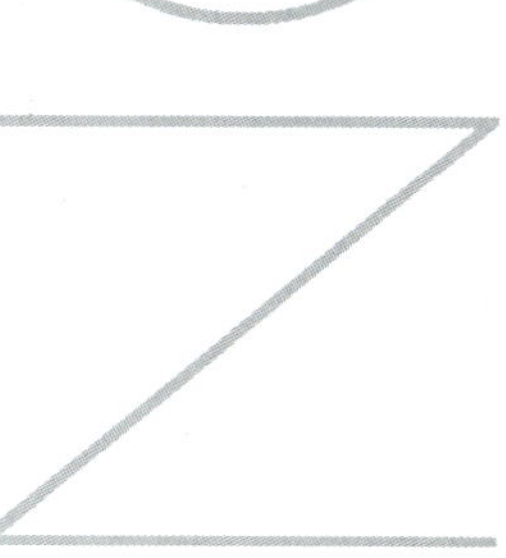

南京大学出版社

内容提要

本书根据艺术设计专业教学大纲的要求编写。全书共分七章，包括概述，室内设计手绘效果图绘图基础，室内设计手绘效果图工具与准备工作，材料质感、陈设及配景表现，室内设计手绘效果图基本表现技法，室内空间表现实例，作品欣赏。全书全面总结了室内手绘表现的各类技法，结合新观念、新理论、新案例，充分展现了室内设计科学、文化和艺术的内涵。

本书可作为应用型本科院校环境艺术设计、建筑装饰、室内设计、建筑设计和景观园林等专业学生的教材，亦可作为相关专业人士的参考用书。

图书在版编目（CIP）数据

室内设计手绘表现技法 / 李梅红，姜立善主编 .—
南京：南京大学出版社，2019.6（2024.1 重印）
ISBN 978-7-305-22069-2

Ⅰ . ①室…　Ⅱ . ①李… ②姜…　Ⅲ . ①室内装饰设计
—绘画技法—高等学校—教材　Ⅳ . ① TU204.11

中国版本图书馆 CIP 数据核字 (2019) 第 082287 号

出版发行　南京大学出版社
社　　址　南京市汉口路 22 号　　　　邮　编　210093

书　　名　室内设计手绘表现技法
　　　　　SHINEI SHEJI SHOUHUI BIAOXIAN JIFA
主　　编　李梅红　姜立善
责任编辑　李建钊　　　　编辑热线　（010）82896084

印　　刷　河北鑫彩博图印刷有限公司
开　　本　889mm × 1194 mm　1/16　印张 6　字数 163 千
版　　次　2019 年 6 月第 1 版　2024 年 1 月第 4 次印刷
ISBN 978-7-305-22069-2
定　　价　42.00 元

网址：http://www.njupco.com
官方微博：http://weibo.com/njupco
官方微信号：njupress
销售咨询热线：（025）83594756

21世纪高等院校艺术设计专业精品教材

序

PREFACE

进入21世纪，我国教育事业呈现出前所未有的发展势头，办学规模不断扩大，办学质量不断提高。特别是随着社会经济的发展，物质生活水平的提高，人们对自己所处的环境和生活质量越来越重视，对环境艺术及设计要求日益提高。与这种需求相对应的，是我国艺术设计专业化程度不断提高，专业划分更趋于细分化、功能化、科学化。据此，相关院校根据教育部“十三五”规划制定教学大纲，结合学科发展以及本院校的具体教学情况组织一线教师编写教材。他们在总结日常教学的新经验、新方法的基础上，大量的实例介绍、案例分析以及极具特色的区域特点，编写了本书。

本书有如下特点:

（1）本书编写任务由各院校一线中青年骨干教师承担，坚持“以应用为目的，以专业理论知识为基础，注重实践”的原则。

（2）本书将传统建筑艺术与现代环境艺术设计相结合，将工艺与环境艺术设计相结合，将室内小品与室外环境相结合，将传统表现技法与现代表现手段相结合，将室内装饰景观设计与城市建筑相结合，将设计与施工组织相结合。内容全面准确，学生可学以致用。

（3）本书主要作为应用型本科院校、高职高专院校教材，亦可作为相关行业专业技术书籍。

（4）本书努力使用现代教学手段，配备了与实际工作相关的案例集、课件等网盘资源。

本书编者从业多年，深感教材建设的作用和重大意义，努力出版无论内容还是装帧均为高质量的教材。诚挚地希望有关专家学者以及广大读者在使用本书的过程中提出宝贵意见和建议。希望本书能够适应新时代的需求，推动艺术教育的发展，并为广大师生及室内设计人员带来极大的收益。

秦红卫

山东管理学院艺术学院副院长

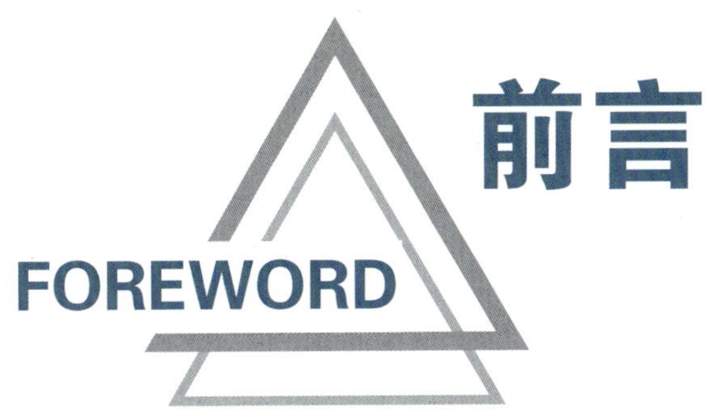

前言

室内设计是一门复杂的综合性学科，涉及美学、建筑学、社会学、心理学、结构工程学、人体工程学、建筑物理学、建筑材料学等。室内设计不是单一性的，而是科学、艺术和生活的统一体。室内设计学习的关键在于学习一种综合的设计方法，提高分析问题和解决问题的能力。室内设计手绘效果图是设计者以绘画的形式代替语言进行表达、交流，是图形表达设计意图的重要手段。

在室内设计中，设计者要运用各种手段、媒介和技巧来表现室内形体、色彩、尺度、材质和空间功能等，而手绘效果图以其制作方便、表现能力强而备受设计者的推崇。计算机技术在设计领域中的运用给传统的设计注入了新的活力，但室内设计手绘是学习室内设计表达的基础，也是进行室内设计创意过程的载体，手绘基础的重要性和独特性是计算机无法取代的。现在很多学生只注重计算机设计，却忽略了手绘表达的基本练习，无法清晰地表达自己的设计理念和设计意图。因此，必须正确对待手绘的基本练习，在设计中将手绘的表达贯穿整个设计过程，使手绘过程与设计过程同时进行，从而规范、完整、清晰地表达出整个设计的意图、概念和构思。

手绘效果图的学习应该注重方法得当。首先，前期通过搜索资料，了解室内手绘效果图的表现手段和技法，进一步对室内手绘效果图进行临摹，规范和熟练效果图的绘制方法。其次，设计与表现技法相结合。在室内设计的过程中，通过手绘效果图来表现设计过程，使效果图的制作以设计为依据，清晰地表达出整个设计构思，设计与手绘紧密结合，使手绘效果图的制作得心应手。

手绘效果图表现技法是对设计艺术的思维概念和创意通过具体的手段、途径形象的展示和体现，是对设计艺术的技能、技巧和基本功训练的明确指导和严格规范，是使设计艺术最终达到内容与形式完美结合的手段。同时，表现技法也需要不断创新，以新的观念和新的理论来展现室内设计科学的、文化的、艺术的内涵。

本书中的效果图形式多样。有些是实际的工程方案并已施工，有些是虚拟的设计方案，还有一些是教学范画。各种效果图的表现手法不一，形式也大不相同，这就需要同学们在学习过程中，了解、掌握各种表现手法，从而更清晰、直观地去表达自己的设计思路。

由于时间紧促，书中的缺点和不足之处在所难免，希望专家和同人批评指正，以便今后修订和完善。

编　者

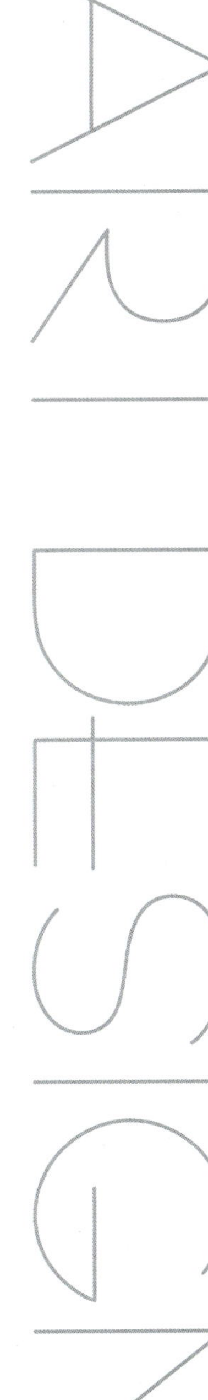

ENVIRONMENT

目录 CONTENTS

第一章 概 述

本章知识点

室内手绘效果图的发展历史；室内手绘效果图表现的原则；室内手绘效果图技法的分类。

学习目标

了解空间环境表现的历史，掌握室内设计表现方式，理解室内设计手绘效果图的含义、作用及原则。

第一节　空间环境表现的历史

任何设计都离不开巧妙的构思。空间环境设计即运用审美法则和艺术手段把原有的空间环境进行再创造，使之成为更实用、更科学、更具有艺术气息并为人们的工作和生活提供舒适的空间环境。哲学上有一个基本原理，世界是由物质和意识构成的，设计界同样遵循这个基本原理，因为设计的意识是与人类同时孕育而生的。从原始人"冬居营窟，夏居橧巢"到现代人用钢筋混凝土筑造设备齐全、四季恒温的高楼大厦，从未经雕琢的天然石块到做工考究的精良器械，都充分体现了设计是随着人类的进化而不断进步的，现代的设计表现也是在历代前辈的经验基础之上得以不断创新和发展的。

早在我国的春秋战国时期，器具上就出现了建筑形象，但只有作为人物活动背景的单体建筑和建筑的立面剪影或剖面形象（见图 1–1）。秦汉、魏晋、南北朝以来，壁画中所画的建筑由单体发展到群组，以单一的阴阳向背的立体效果表现方法，增加了画面的空间感和体量感。从湖南长沙出土的战国时期的《人物龙凤帛画》和四川成都出土的汉拓片《画像砖》（见图 1–2）中可以看出主体建筑已经有了透视的概念；从甘肃敦煌石窟壁画中可见魏晋时期的建筑表现已达到一定的水准；从隋唐石窟壁画中可以看出那个时代的建筑空间表现能力有了很大的提高，在空间结构的描绘上也比较清楚，如典型的莫高窟经变画《观无量寿经变》画面中部的极乐世界图中，描绘了建筑在七宝池上的宫殿楼阁，在空间比例上显得比较协调，色彩的应用使建筑材质得以体现，空间层次也更为丰富，从而大大增加了画面的可观性（见图 1–3）。宋朝画家张择端的《清明上河图》场面宏大、气势磅礴，把熙熙攘攘的人群融入民居建筑之中，比例、透视关系处理得非常协调，加强了近景、中景、远景的层次关系，耐人寻味（见图 1–4）。被称为元代初期绘画高手的刘贯道，其作品《消夏图》（见图 1–5），笔法凝重坚实，人物意态舒畅，虽以人物为主，但从中可以看出透视关系非常明确舒适，色调统一而富有变化，加强了人物和家具陈设的主次、虚实关系，也是一幅非常好的空间表现图。"明四家"之一的唐伯虎，他的画大多表现崇山峻岭、楼阁溪桥、亭榭园林，大幅气势磅礴，小幅清隽潇洒，行笔秀润缜密，具潇洒清逸的韵度（见图 1–6）。

图 1-1

图 1-2

在现代社会中，学习历史文化、延续历史文化是当代设计者的重要责任。在这个大的历史背景之下，设计也必须是一个继承和发展的过程。因为在不同的时期不同的人对设计的表达方式有所区别，所以现在不仅要弘扬传统文化，同时还要适当融入一些外来文化以适应现代社会快节奏的需要。

图 1-3

图 1-4

图 1-5

图 1-6

第二节　室内设计表现方式

随着环境艺术设计与展示艺术设计等行业的日益成熟和客户素质的提高，社会对设计者的要求也日趋严格，无论怎样表现最终都需要将直观的效果展示给客户，这不仅是设计者的语言，也是设计者的门楣。设计者将自己的思想艺术融入方案时，空间表现便呈现出多种多样的形式和风格。室内设计表现方式可以归纳为四类：模型表现、计算机表现、手绘表现和综合表现。

一、模型表现

随着建筑室内设计和展示设计行业的发展，模型作为表现手段开始迅速发展起来，它能更形象、更立体地展现一个空间，可以让人从任何角度观察其空间，其由各种材料结合灯光加以设计完成，其直观性是其他的表现形式所不能相比的。通过对模型的制作，设计者能对建筑空间了解得更透彻，但模型造价高、制作周期长，在现实中不易实现，往往作为后期完成方案（见图 1–7）。

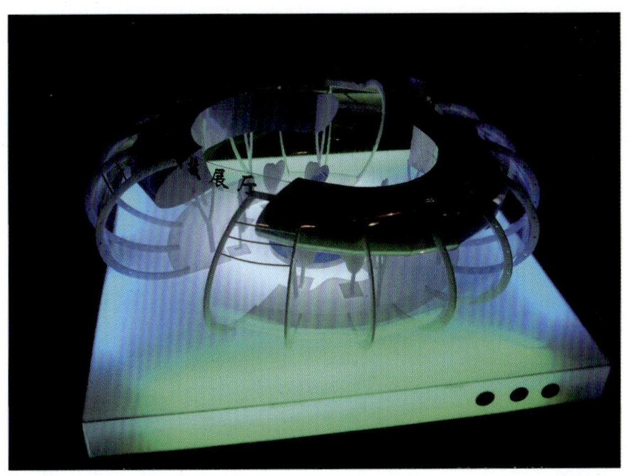

图 1-7

二、计算机表现

20 世纪 90 年代初，由于科学技术的进步与发展，以计算机设计为代表的高科技手段涉足效果图表现，使效果图表现出精确、逼真、规范的展示效果，受到了大众的青睐，并很快得到了应用和普及。方便、易修改是其最大特点。计算机设计效果图能准确、具体、真实地展示室内各个空间部位的效果，一个方案可以全方位、多角度地打印出图，非常方便，具有较高的说服力，适合用于设计创意的后期定稿。其缺点是在风格表现这一关键问题上会受到一些限制，计算机设计效果图略显得呆板、缺乏感情色彩，与手绘效果图相比，制作结构复杂的空间表现图速度较慢，影响设计思维的连续性，不适用于设计创意（见图 1–8）。

图 1-8

三、手绘表现

手绘表现比计算机表现历史久远，早在先辈的绘画中就已得到充分的体现。手绘效果图的最大优势在于生动、概括、速度快，能够激发设计者的创作灵感，把设计者转瞬即逝的创意快速地以三维的形式记录下来，使思维连续、及时。它既适用于勾画设计草案，以单独的艺术形式存在，又可作为正式的方案投标。手绘表现不受所表现的形体限制，尤其适用于表现草木繁多的园林景观效果。手绘效果图是设计者的表现语言，可以充分展示设计者的才气和艺术修养，常被认为是设计者设计创意的基本功之一。手绘效果图在表现形式、色彩应用、风格气氛等方面的把握上，可以方便、灵活、多样、自如地表现个性化的设计风格，富有人情味，还可以进行一些主观性、随意性的表达，而这些是计算机设计效果图目前所无法相媲美的（见图 1–9）。

图 1-9

四、综合表现

所谓综合表现就是把多种方法汇聚于一身，即在同一幅效果图中既有徒手绘画的，也有计算机制作的。这种方法既有传统手绘方法的随性，又有计算机绘制的现代气息，给人一种新颖、别致的感觉。通常有以下两种表达方式。

（1）利用计算机辅助建模成线稿，然后手工着色，这是综合表现的有效技法之一。这种效果图既能真实、正确地反映空间框架透视关系，又能生动、概括、如实地表现设计方案（见图 1–10）。

（2）徒手快速勾画出空间三维透视线稿，再用扫描仪变为数字图像，在计算机中用平面设计软件辅助着色，

图 1-10

这种方法介于徒手绘画与计算机绘图之间。其特点是把徒手绘画线稿中流畅、自然、生动的线条和计算机绘图中多样的色彩相结合，形成一幅令人耳目一新的效果图（见图 1-11）。

图 1-11

第三节 室内设计效果图的含义、作用及表现技法原则

一、室内设计效果图的含义

室内设计效果图是由透视图原理和高度概括的绘画技巧相结合而成的，是方案设计中诸多因素所组成的一种形象的表述形式，是室内设计整体工程图纸中的一种，是通过绘画手段直观而形象地体现设计者意图和构思的技术手段，是科学性与艺术性紧密结合的艺术技法。其特点是将设计者设计构思的四维空间转换成二维空间画面，利用图像或图形这种特定的形式把设计者的构思和意图直观地传达给其他人，使他人得以了解设计者的设计理念。

二、室内设计效果图的作用

室内设计效果图是深化和促进设计成果的最终表现，能形象直观地表现室内空间，充分体现室内装饰效果，对营造空间气氛、增强视觉冲击力、提高设计的艺术感染力有很大的作用。一幅好的效果图生动而整体，它能使观赏者比较直观地看出设计者对设计大到装饰风格，小到造型、材质的使用情况等细节问题的把握。与立面图相比而言，效果图立体感强且具有艺术性，有助于引导观赏者的思想意识，使其联想到工程竣工后的效果。这一点在工程设计投标、设计方案定案中起着重要的作用，是方案阐述的关键所在。

1．效果图左右着设计方案的效果

熟练掌握效果图表现技法对一个设计者来说是非常重要的。一个设计方案优劣与否，首先在于它的内容，包括整体的运筹和细节的组织；其次再优秀的室内设计效果图，如果只是设计者个人按照自己的个性来表现，而不按规律来绘制，虽然自己“心知肚明”，但是不能为大众所了解，那只能是一幅个人作品式的“方案”而已，而不会被使用者采纳。同样，如果方案表现不利，不能通过高水平、高质量的表现技法将其客观、真实的空间结构和气氛以及色调表达出来，那么设计效果图则会大打折扣，甚至会成为庸俗之作。

效果图具有艺术感染力，能使人信服、感动，其表现手段讲求精练、概括、快速、生动。设计方案的各种因素较为直观，而艺术的图像语言表达依赖于绘制技法与水平。环境的风格可以通过简单的形式或符号来表现，空间的结构可以通过完整的形体变化来体现，形体色彩、材质运用也可以通过简单的饰色和运笔展示出来，而这些只塑造了空间的“形”。效果图的更高要求是彰显空间“神”的层面，只有情趣、氛围这种精神层面的要素充分展现出来，才能够使观赏者与设计产生心灵的碰撞，使观赏者领略到设计的精髓。“神”的体现则是设计者技法的娴熟、灵活掌握与慧心的完美结合。

2. 效果图有助于设计者研究和深化设计

效果图是设计方案表述的必要组成部分。从了解和查找空间有关的信息到方案的最终确立往往是在间断状态下进行的，并非都是一气呵成的，单凭想象和口述表达很容易造成思维的混乱和信息的流失，这对设计方案的形成是很不利的。效果图这种表现方式对进程中的设计方案或预案性质的设计构思起到一个总结的作用，将每一阶段创作思维的成果以草图的形式快速地记录下来，使设计者既能够及时收集信息，又便于形成直观的思维联想和再现，帮助设计者深化设计思维，对检测和推进设计方案中的各种因素的确立起着重要的作用，便于设计者分析、比对、调整及深化方案。一幅优秀的效果图，从整体风格定位、空间功能分区、材质选择、色彩搭配、形态构思到装饰形式的形象组织、结构斟酌、尺度推敲乃至线角装饰、陈设点缀，都要经历全面而慎重的思考过程。

3. 效果图是传达设计信息的主要手段

直观的形象构思是设计者对方案进行自我推敲的一种语言，也是设计者相互之间交流探讨的一种语言，它有利于空间造型的把握和整体设计的进一步深化。在室内设计工作中，系统的大型设计项目，往往需要集体的创作力量才能够及时完成。一项系统的工程，除了其内部的个别空间可能会因为特殊的需要而进行个性设计之外，绝大部分空间需要造型的联系和风格的统一。对格调共同的诠释固然能为设计的统一奠定良好的基础，而由于每一位设计者都有一定的思维定式，故分工合作下的构思、设计风格能否达到真正的浑然一体，是一个非常重要的问题。各种构思设想通过效果图的形式表现出来之后，对准确信息的沟通和了解就会变得直观、快捷，既便于设计组成员深化格调理解、达成统一认识，又便于设计组成员设计风格的相互吸收、相互融合。

4. 效果图能有效展现设计方案

在做方案设计的前期阶段，设计者主要以构思草图、平面图、立面图以及部分简单的剖面图的形式对室内外空间环境中的各种内容进行设计。设计是一个主要为社会和他人服务的行为，其行为的结果是要让他人能够了解并接受。平面图、立面图绘制得再详细，也要有文字和数据来加以说明，不然非专业人士无法直接理解，所以在最终的设计方案实施之前，需要通过一个直观而详尽的形式展现设计的最终效果。效果图就是一种很常用的方法，通过它设计者可以将所设计项目的空间划分、形体结构、风格形式、比例尺度、色彩搭配、材料选用及陈设安置等信息完整而详尽地表达出来，以得到预期空间环境的直观感受。

三、室内设计效果图表现技法原则

效果图就是为了展示设计者的设计意图，从而达到让观赏者或使用者由认知到接受的最终目的。设计者绘制效果图不能像绘画一样随心所欲地抒发自己的创作情感，应该更注重观赏者或使用者的感受和认可，因为设计本身就是为人们服务的，这一点非常重要，所以，无论什么样的效果图都要遵循一定的原则。室内设计效果图表现技法应遵循的原则概括如下：

1. 强调室内设计效果图表现技法科学性的原则

科学性既是一种态度，又是一种方法。透视与阴影的概念是科学，光与色的变化规律也是科学，空间形态比例的判断、构图的均衡、水分干湿程度的把握、绘图材料与工具的选择和使用等也都含有科学性。效果图首先要有准确性，这就要求空间结构吻合、尺度把握准确、材料的本色和质感充分体现，从而让观赏者对设计有系统的认识；其次要避免主观随意性，不可为了追求画面效果而不顾其比例关系及施工无法操作的可能性，不可过于情感化地进行“写意”式创作等。效果图设计表现必须遵循科学性，对空间的结构力学和图中的每一个元素的存在都要负起责任，做到真实、可信、切合实际。

2. 突出室内设计效果图表现技法艺术性的原则

室内设计效果图在运用绘画语言表达时，不能脱离造型艺术的一些基本规律。在效果图绘制中，素描与色彩基本功的练习是不可忽视的，构图取点、确定色调和表现空间气氛、表现光感和质感、适度地夸张与概括、取舍等这些艺术手法与技巧，无疑对最终效果图的艺术感染力起着至关重要的作用。效果图本身就是一幅绘画作品，虽然与普通的绘画有着本质的区别，但也兼有一定的艺术性。讲到艺术性人们会自然地联想到设计者的个性，效果图应有其自身的个性，因此提倡在效果图中体现出设计者不同的设计风格和不同的表现手法，使效果图变得精彩纷呈。对于设计者而言，无论自己原有绘制水平和艺术修养如何，都要有意识地加强这方面的训练，汲取与自己专业相关的知识，将其融入自己的效果图中，使自己的效果图在众多的效果图中脱颖而出。

3. 反映室内设计效果图表现技法真实性的原则

效果图必须符合设计环境的客观现实，如室内空间体量的比例、尺度等，在立体造型、材料质感、灯光色彩、绿化及人物点缀等方面也都必须符合设计者所设计的效果和气氛；绝不能脱离实际尺寸而随心所欲地改变空间的限定，或完全背离客观的设计内容而主观片面地追求画面的某种“艺术趣味”，或曲解设计意图，使表现出的气氛效果与原设计相去甚远。所有的设计者都必须有一个共识——真实性是效果图的生命。

思考与练习

1. 简述空间环境表现的历史。
2. 对室内设计不同表现方式的作用和其绘制要求进行辩证分析。
3. 简述室内设计手绘效果图的含义、作用及原则。
4. 如何学习室内设计效果图表现及其技法？

CHAPTER TWO

第二章 室内设计手绘效果图绘图基础

本章知识点

透视的基本原理与特征；一点透视、二点透视、一点斜透视的定义及应用；高、中、低视平线的选择与应用。

学习目标

掌握准确、严谨的透视，处理好画面效果的素描关系，把握好色彩关系。

在现代设计中，无论使用哪种表现方法，其目的都是表达设计者的构思。表现效果图的最终目的是通过一种容易被人接受的表达方式，使对方对设计者所要表达的内容产生兴趣和共鸣，从而认可设计者的设计方案。要想绘制出优秀的手绘效果图，在绘制过程中必须把握以下基本要素。

（1）有准确、严谨的透视。透视的严谨程度直接关系到能否把握好画面的空间框架关系和画面的最终效果。

（2）把握好画面效果的素描关系。只有素描关系处理得当，画面才能够有立体感和分量感，从而使结构在体面、虚实、层次上的关系得以充分体现。

（3）把握好色彩关系。处理好物体的固有色和整个空间的色调搭配是十分重要的，要在整体效果“大统一、小对比”的前提下，对物体的色彩、质感进行细致的刻画，要把准确、真实的画面效果展现给使用者。

以上所讲的三点是画好手绘效果图所必须掌握的基础知识。全面而扎实的基本训练是画好手绘效果图的先决条件，没有扎实的绘图基本功，不仅会给表现技法的学习带来很大的困难，同时也会对今后绘图和设计水平的提高产生很大影响。

第一节　透视的相关知识

人们走在大街上，尤其是站在铁路上向远方望去，近景、中景、远景呈现出“近大远小”的空间景象，其实这是一种“错觉”现象，然而这种“错觉”却符合物体在人们眼球的视网膜上呈现的图像，因而，它又是一种“真实”的感觉。为了研究这个现象的科学性及原理，人们总结出了“画法几何学”和“阴影透视图学”。平面、立面的成像原理是对物体作平行投影所产生的图像，透视图的成像原理是对物体作中心投影所形成的图像，想学好透视要先学好平面制图、立面制图，它们的比例、尺度是画工程透视图的依据。透视图是效果图的骨架，没有准确透视的效果图是无法面对观众的，其后果也是不堪设想的。

一、透视术语

“透视”（perspective）一词来源于拉丁文“perspcler”（看透），意思是通过透明的介质看物像，并将所见的物像用线的形式描绘下来，描绘下来的这个图像就是透视图形（见图 2-1）。

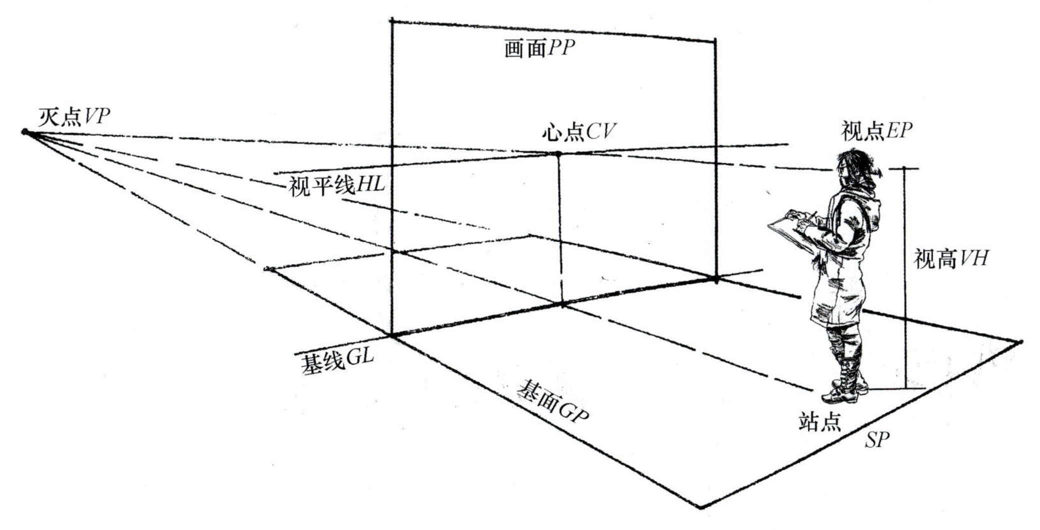

图 2-1

视点（*EP*）——人的眼睛的位置，也是投影中心。

视高（*VH*）——站点到视点的高度。

基线（*GL*）——假设的垂直投影面与基面的交接线。

画面（*PP*）——人与物体间的假设面，或称垂直投影面。

视心线（*CVR*）——也称视中线或者中视线，是视点向画面所作的垂直视线。

心点（*CV*）——视心线与画面的投影交点，一点透视以这个点为消失点。

站点（*SP*）——观察者所站立的位置。

视平线（*HL*）——观察物体的眼睛高度线，又称眼在画面高度的水平线。

基面（*GP*）——物体放置的平面。

灭点（*VP*）——与基面相平行，但不与基线平行的若干条线在无穷远处汇集的点，也称为二点透视的消失点。

量点（*M*）——求透视图中的物体尺度的测量点。

真高线——在透视图中的基线上能反映物体空间真实高度的尺度线。

二、室内透视图的分类

1. 一点透视

一点透视（见图 2-2）也称为平行透视，方形室内空间的远处墙面与画面平行，其他垂直于画面的诸线将汇集于视平线中心的消失点上，与心点重合。一点透视的绘制要记住以下这三种线型的画法：原来水平的仍然保持水平，画水平线；原来垂直的还要保持垂直，画垂直线；与画面垂直的那些平行线交于视平线上的消失点上画透视线。一点透视的优点是易表现，纵深感强，能表现出五个墙面；缺点是略显呆板，不够灵活。

图 2-2

以宽 5 米、长 6 米的客厅室内空间为例，一点透视的绘制步骤如下。

（1）把画纸横向分为三等份，在下三分之一处或靠上一点画一条直线为 *GL* 线，此线是墙面和地面相交的线，也称为基线。

（2）在此线段中部偏左任选一点为 *C* 点，经 *C* 点向上作一条垂直线，并在此线上量取 2.7 米为 *A* 点，线段 *AC* 为真高线。

（3）在基线上的 *C* 点向左量取房间的真实长度为 6 米，向右量取房间的真实宽度为 5 米处定一点为 *D* 点，经 *D* 点向上作一条垂直线，经 *A* 点向右作水平线，交于 *D* 点的垂直线上为 *B* 点。

（4）由 *C* 点向上量取 1.5 米处画一条水平线 *HL*，此线为视平线（见图 2-3）。

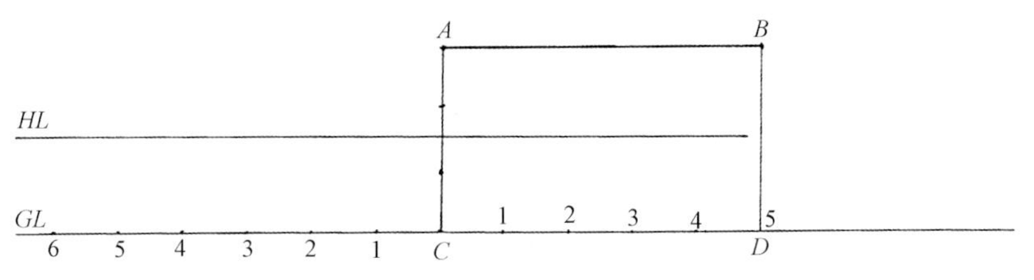

图 2-3

（5）在 *ABDC* 方框中的视平线 *HL* 上任选一点 *CV* 作为心点，一般情况下 *CV* 点不能定在 *ABDC* 方框内视平线的中心。

（6）经 *CV* 点分别作 *A*、*B*、*C*、*D* 点的延长线，*CV* 点与 *C*、*D* 点的延长线是墙面和地面的交界线，*CV* 点与 *A*、*B* 点的延长线是墙面和顶棚的交界线，*AC*、*BD* 两线段为墙与墙的交界线（见图 2–4）。

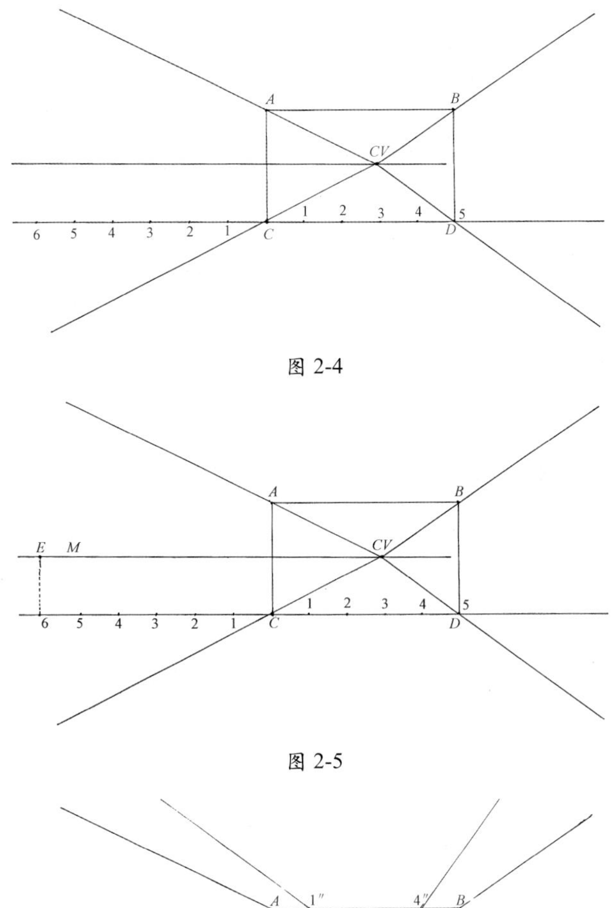

图 2-4

图 2-5

（7）在 *C* 点左边 6 米处向上作一条垂直线，此线交 *HL* 线于 *E* 点，在 *E* 点向右稍偏任选一点为量点 *M*，一般情况下 *M* 点离 *AB* 线段越近，所画出的空间就越大（见图 2–5）。

（8）经 *M* 点与 *C* 点左边各尺度点相连并画出各尺度点的延长线交于 *CV* 点与 *C* 点的延长线上。

（9）经 *CV* 点与 *C* 点的延长线上的各透视点分别作 *CD* 线段的平行线。

（10）经 *CV* 点与 *CD* 线段上的各尺度点相连，并分别画出延长线为地面的透视线。

（11）若画高度的透视要在基线向上的垂直线上来量取，再与 *CV* 点相连，其延长线交于近处所画的垂直线上便是透视高度（见图 2–6）。

图 2-6

（12）房间中茶几的空间透视步骤如下。

①在 *C* 点左边的基线上，量取 *G*、*F* 点，并经 *M* 点分别作它们的延长线交于 *CV* 点与 *C* 点的延长线上，为 *G′*、*F′* 点，经过这两点分别作 *CD* 线段的平行线。

②在 *CD* 线段上量取 *H* 点和 *P* 点，经 *CV* 点作延长线，分别和 *G′*、*F′* 的平行线相交，得出 1″、2″、3″、4″ 点，经四点向上画出它们的垂直线。

③要想画出茶几的高度，先在 *H* 点的垂直线上量取茶几的高度（一般为 45 毫米）定为 *N* 点，作 *CV* 点与 *N* 点的延长线，分别交于 1″、4″ 的垂直线上，再向右分别作 *CD* 的平行线，交于 2″、3″ 的垂直线上得出两点，并连接两点（见图 2–7）。

（13）依此类推，将其他家具的透视分别表现出来（见图 2–8）。

（14）在空间与家具透视的大形上，根据设计参照大的透视形，结合设计者的感觉画出家具的细部透视，并画出室内陈设品与植物（见图 2–9）。

（15）用钢笔、中性笔或针管笔勾线（见图 2–10）。

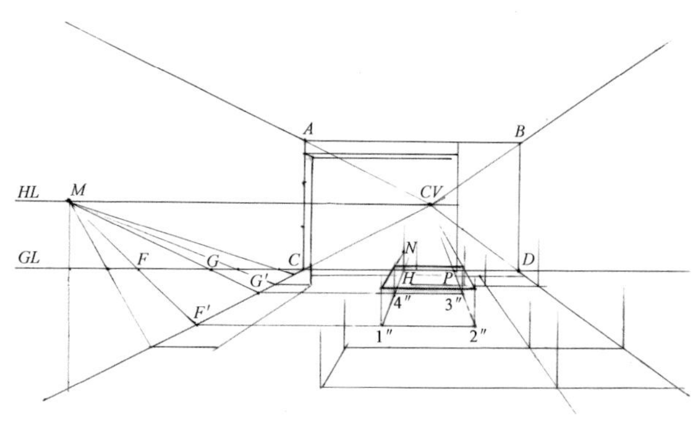

图 2-7

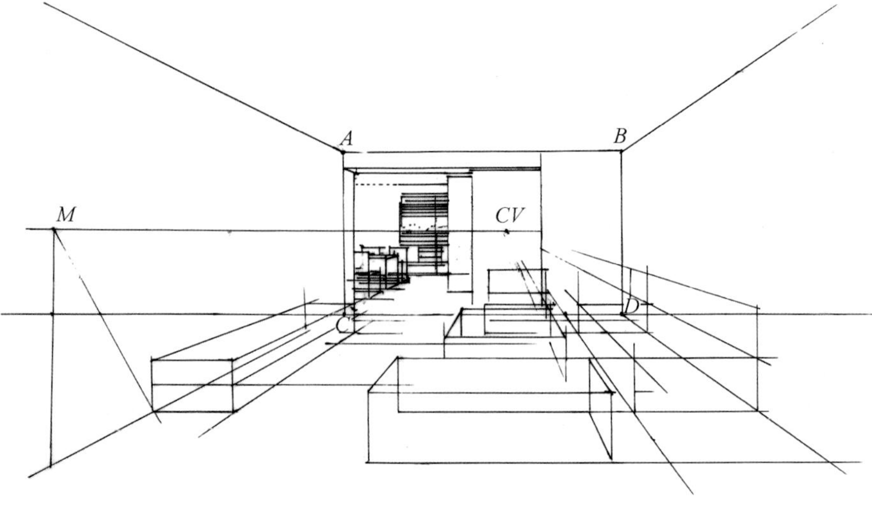

图 2-8

图 2-9

图 2-10

2. 二点透视

二点透视也称为成角透视，方形室内空间的所有墙面与画面均成一定的角度，地脚线和顶角线分别消失于视平线左右的两个消失点上。要记住这两种线型画法：原来垂直于地面的还要保持垂直，画垂直线；其他两组平行线的透视分别交于墙角真高线两侧的两个消失点上，画透视线。二点透视的优点是画面效果自由、活泼、近于真实；缺点是只能表现出四个界面，如果两个消失点离得太近，易出现夹角，造成画面失真（见图 2–11）。

图 2-11

以宽 3.6 米、长 4.5 米的卧室空间为例，二点透视的绘制步骤如下。

（1）把画纸横向分为三等份，在下三分之一或靠上一点处，画一条水平线 *GL*，这条线称为基线（见图 2–12）。

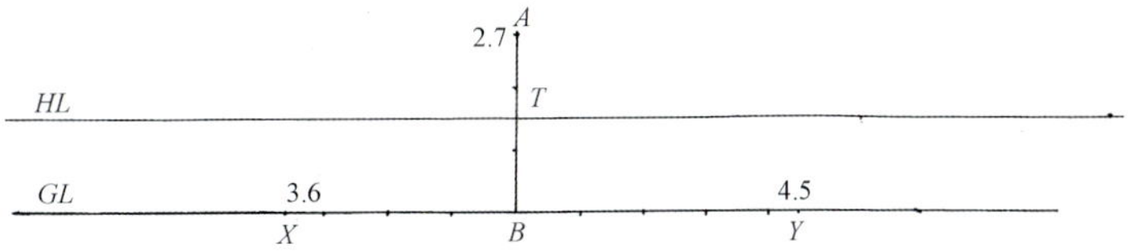

（2）在 *GL* 上任意作一点 *B*，经过 *B* 点向上作一条垂线，并在此线上定一点为 *A* 点（*AB* 线段为 2.7 米）。

图 2-12

（3）由 *B* 点向上量取 1.5 米处定一点 *T*，画一条水平线 *HL*，此线为视平线。

（4）由 *B* 点向左量取 3.6 米定 *X* 点，此线段为房间的实际宽度；向右量取 4.5 米定 *Y* 点，此线段为房间的实际长度。

（5）在 *HL* 线两端任选点 VP_1、VP_2 为消失点，点 VP_2 距离 *AB* 线段比点 VP_1 距离 *AB* 线段较远些。

（6）分别作点 VP_1、VP_2 与点 *A*、*B* 的延长线（见图 2–13）。

（7）在 *GL* 线上，经 *X* 点向上作垂线交 *HL* 线于 *X′* 点，经 *Y* 点向上作垂线交 *HL* 线于 *Y′* 点。

（8）把线段 *X′ T*、*Y′ T* 分别均分为三等份，把距 *X′* 点相近的三分之一处的点定为量点 M_1，把距 *Y′* 点相近的三分之一处的点定为量点 M_2。

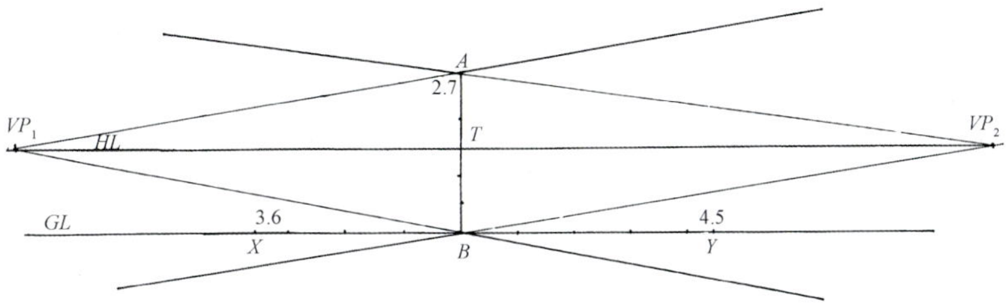

图 2-13

（9）作点 M_1 与点 *X* 的延长线，与 VP_2B 线段的延长线交于 *U* 点，*UB* 线段为房间的透视宽度（3.6 米）；作点 M_2 与点 *Y* 的延长线，与 VP_1B 线段的延长线交于 *V* 点。

（10）分别作点 VP_1 与点 *U*、点 VP_2 与点 *V* 的延长线（透视线），交于点 *Z*，点 *U*、*B*、*V*、*Z* 的连线构成了房间的基透视（见图 2–14）。

（11）作出点 M_1 与 *BX* 线段上的各尺度点的延长线，分别交于线段 *BU* 上，即找出各尺度的透视点。

（12）作出点 M_2 与 *BY* 线段上的各

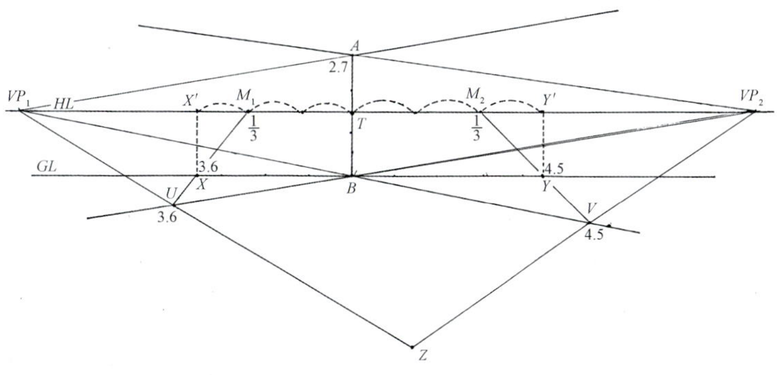

图 2-14

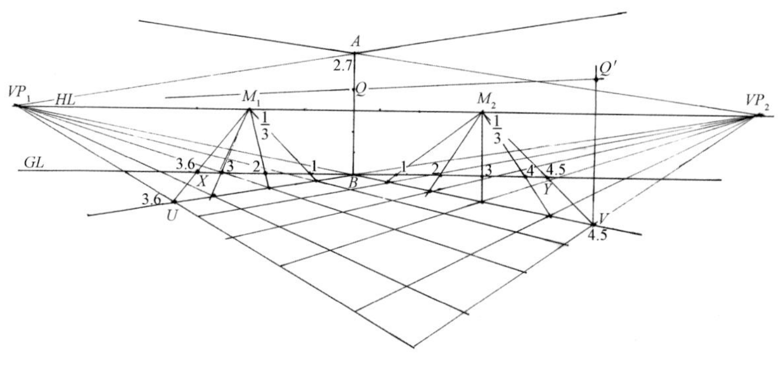

图 2-15

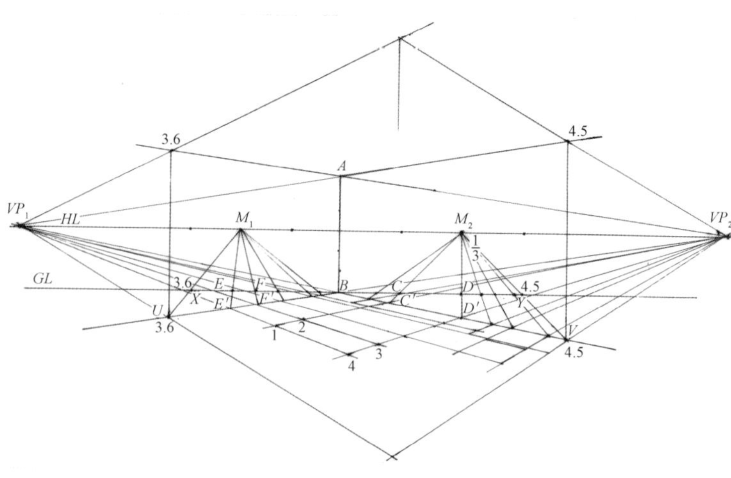

图 2-16

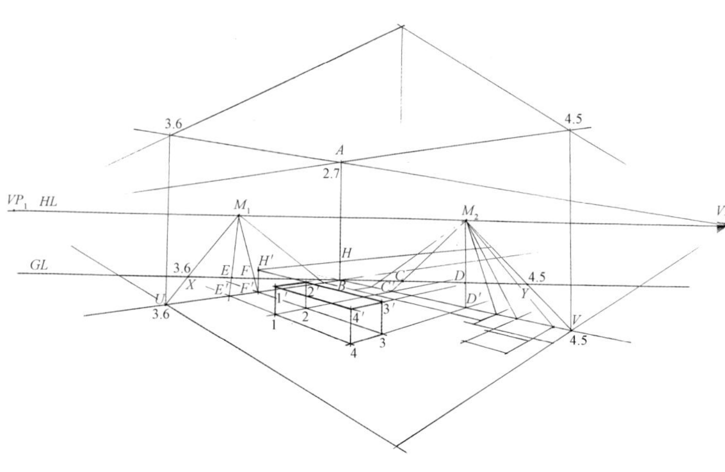

图 2-17

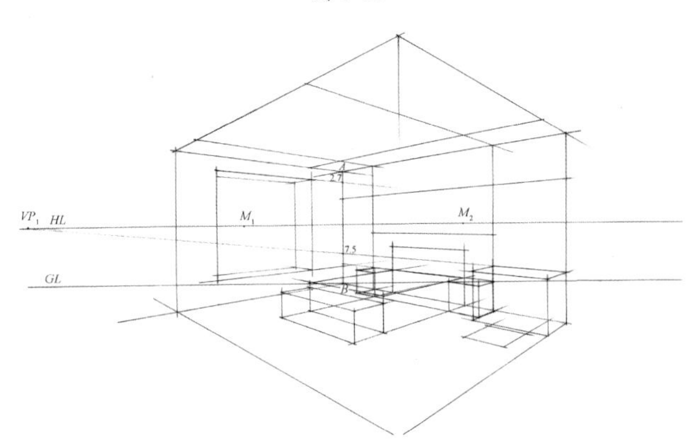

图 2-18

尺度点的延长线，分别交于线段 BV 上，即找出各尺度的透视点。

（13）分别作出点 VP_1 与 BU 线段、点 VP_2 与 BV 线段上的各透视点的延长线，即形成了地面的网格透视。

（14）要想找出近处 V 点垂直线的透视高度，首先要在真高线 AB 线段上来量取真实高度 BQ，经消失点 VP_1 与真实高度点 Q 相连的延长线交于近处 V 点的垂直线上于点 Q'，VQ' 即是透视高度（门或家具高度）。切记所有的透视高度都要在真高线上量取其真实高度（见图 2-15）。

（15）在 BX 线段上找出点 E、F，分别作出点 M_1 与点 E、F 的延长线，与线段 BU 交于点 E'、F'；在 BY 线段上找出点 C、D，分别作出点 M_2 与点 C、D 的延长线，与线段 BV 交于点 C'、D'。

（16）作出点 VP_1 与点 E'、F' 的延长线和点 VP_2 与点 C'、D' 的延长线交于点 1、2、3、4，这四点的连线便为家具的基透视（见图 2-16）。

（17）依此类推，用同样的方法画出其他家具的基透视。

（18）要想求出物体的透视高度，首先在点 F' 向上作一条垂直线，然后以 B 点向上量取此物体的真实高度，定点 H。

（19）经 VP_2 点与 H 点的延长线交于点 F' 的垂直线上为点 H'。

（20）经 VP_1 点与 H' 点的延长线交于点2、3的垂直线上得到点2′、3′。

（21）经 VP_2 点与点 2′、3′ 的延长线交于点 1、4 的垂直线上得出点 1′、4′。

（22）由点 1、2、3、4、1′、2′、3′、4′ 的连线便得出此物体的透视（见图 2-17）。

（23）依此类推，用上述方法画出其他家具的透视高度（见图 2-18）。

（24）在空间与家具透视的大形上，根据设计参照大的透视形，结合设计者的感觉画出家具的细部透视，并画出室内陈设与植物等透视（见图 2–19）。

（25）用钢笔、中性笔或针管笔勾线（见图 2–20）。

图 2-19

图 2-20

3. 一点斜透视

一点斜透视是介于一点透视与二点透视之间的一种透视图形画法。方形室内空间远处的墙面与画面略微有一些角度，其角度不得大于 45°，两侧墙面有一点透视的感觉，但画面还有两个消失点，一个消失点在图中，另一个消失点在图外或离画板很远的地方。一点斜透视要记住这三种线型的画法：原来垂直地面的线，还要保持垂直并画垂直线；与画面垂直的那些平行线，交于视平线上的消失点上画透视线；与画面呈角度的那组线，交于画板外的消失点上。一点斜透视综合了一点透视和二点透视的优点，即视野宽广、纵深感强，画面能给人活泼、真实的感受（见图 2–21）。

图 2-21

一点斜透视的绘制步骤如下。

（1）按照一定的比例画出内框，得到点 A、B、C、D，长度为 7 米，高度为 3 米。定出 HL 和 CV 线，然后由 CV 分别向点 A、B、C、D 引透视线，并根据画面需要经点 D 作一条斜线交得点 E，再作垂线交得点 F，然后向点 C 连线，即作出内画框的透视（见图 2–22）。

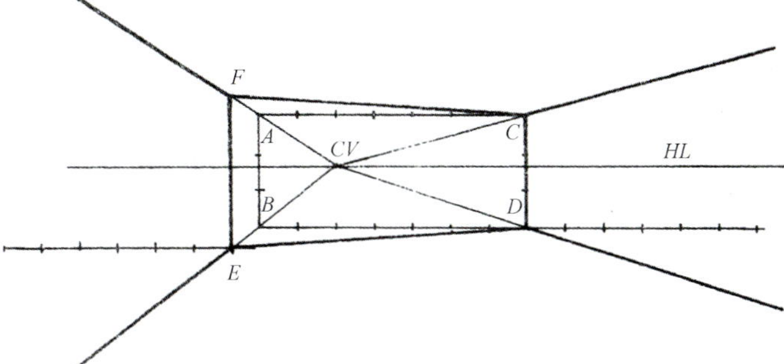

图 2-22

（2）在线段 CD 右侧 HL 上定出量点 M_1，在线段 EF 左侧 HL 上定出量点 M_2（注意：a 必须大于 b）。从点 E 与点 D 分别向左、右作水平线，并在上面定出地面进深尺度（见图 2–23）。

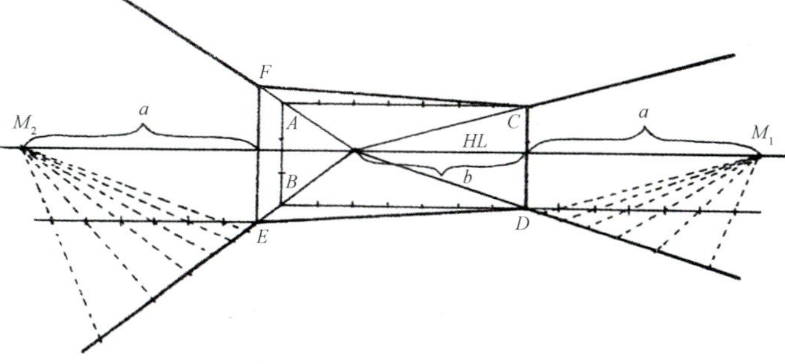

图 2-23

（3）从点 M_1、M_2 向水平线上各尺度点作连线，一直延长到两侧墙面与地面交界线上，即得到室内左、右两侧进深的透视等分点（见图 2–24）。

（4）将地面左右线上相应的透视分点之间连线，再从点 CV 向线段 BD、AC 上各尺度点引出延长线，作出左、右两个墙面和天棚上的透视网络，即完成平角透视图所需的透视网格（见图 2–25）。

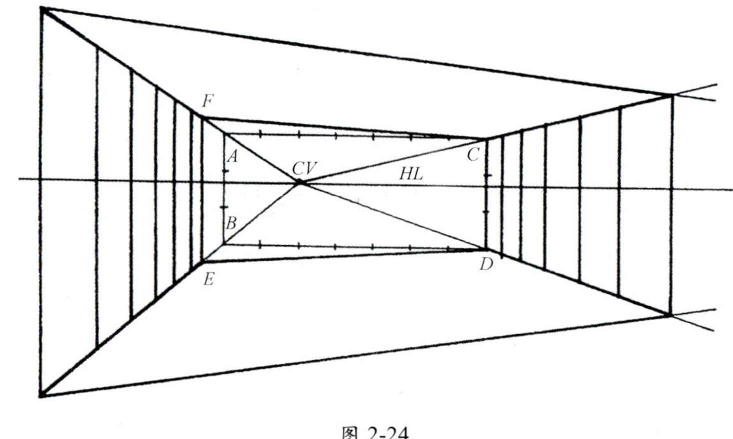

图 2-24

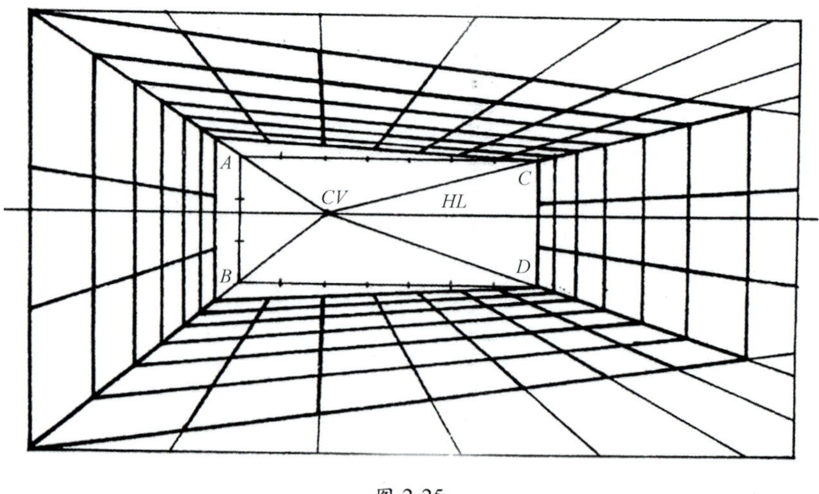

图 2-25

掌握了透视网格的画法之后，就可以作室内平角透视图了，注意家具的透视画法要和一点透视的方法有所联系。

总之，透视方法多种多样，上述透视方法均是通过长期作图实践所得。不同的设计者可能有不同的绘图方法，在通过透视基本功的练习之后，可以结合自己的感觉快速地表现出室内的透视空间，但所绘的透视图中一定要有消失点的概念，并且空间及家具的比例关系要协调。

第二节　画面构图

构图是“经营位置”的体现，对所表现的设计内容的各个组成部分在空间形式上的具体组织与安排，是调整各组成部分达到整体美感的具体表现。构图必须能够充分地体现设计者的意图和感受，强调对表现空间、表现物体及特点和气氛的营造。画面构图应注意以下几点。

一、常规视高

视点高度一般是以坐在凳椅上或平常人的视觉高度观看空间来确定的，通常把这个高度定在 1.3 米 ~ 1.7 米，一方面是因为这个高度符合大多数人的视觉规律，另一方面是因为通常情况下这个高度也可以较为全面地展现室内空间（见图 2–26）。

图 2-26

二、变化视高

视点高度并不是一成不变的，它要根据所表现的设计内容以及空间的大小进行合理的调整。在需要的情况下，可以特意提高或降低视点，用以着重表现不同高度的设计构思。例如，若想表现地面的凸凹造型或功能分区可以把视点提高；当设计的天花板界面为设计重点时，或是要侧重表现天花板界面时，便要适当降低视点，以便全面地展示天花板的造型和结构，这种方法在表现较大空间或地面同类物体时用得较多，需重点刻画中景的物体，远景虚化一带而过（见图 2–27）。

图 2-27

三、视点偏移

在一点透视中，构图首先要使画面取得平衡，在构思上应注意均齐与平衡的关系。构图必须能够充分地体现设计者的意图和感受，利用视点偏移确定构图以表现其重要区域，同时又避免了一点透视的呆板现象。另外，可以通过选择合适的透视角度、合理配景等方式来求得均衡、完整，使效果图在符合审美的前提下各种因素及它们的协调关系都比较舒适、合理，充分表达设计意图（见图 2–28）。

图 2-28

四、表现范围

在一幅效果图中，由于设计内容有主次之分，在家具功能的设计与空间界面的设计力度上是不同的，因而所表现的重点必须放在能够突出设计意图的范围中。效果图的绘制要避免泛泛而论、面面俱到，应该从整体出发，从最能体现设计主题、风格、材质运用、光源搭配和整个空间气氛的范围入手，对所要表现范围的选择有明确的针对性。空间中的近景、中景、远景要有主有次、有秩序地安排在画面中（见图 2-29），具体表现在如下几个方面。

近景要对比、概括表现，可以大量留白，给人留下想象的空间，加强了近景放大和远景收缩的对比，同时也就加强了近景亮和远景暗的对比关系，使进深感大大提高。另外，当近景内容的设计表达不能充分满足选择范围的构图时，可配以植物、家具或其他陈设品来满足画面构图饱满的需要。

中景要强调细致刻画，一般在画面的中心部位，是效果图中最精彩的位置和最突出的区域，是表现的重点，但中心所表现的内容必须和周边环境的各种因素形成有节奏的呼应关系，有关联、有节奏地自然过渡，使画面有主次区分，增加效果图的说服力和视觉上的美感。

远景要虚化、简要处理，使构图既富有变化，又不失整体感；既有主次、秩序感，又有对比、和谐统一之感；既注意取舍、夸张，又注意局部与整体的关系，加强设计方案在选择范围内的审美性与合理性。

图 2-29

第三节　素　描

素描是用单一的线条来表现物体的透视、体积、三维空间的艺术形式。素描的任务是培养绘画中的基本造型能力，培养绘图者的观察、分析、理解和表达造型的意识，为进行创造性的绘画活动做技术和观念上的准备，从而达到完美地表现对象的目的。“知其然，还要知其所以然”，在理解表现对象的基础上绘画，从根本上解决绘图者在素描学习中经常遇到的重要问题，使之逐步体会到素描造型的一般规律，从而达到触类旁通的目的。

一、调子素描

广义上的素描泛指一切单色的绘画，狭义上的素描专指用于学习美术技巧、探索造型规律、培养专业习惯的绘画训练过程。掌握艺术造型的方法，需要恢复人的自然思维方式和操作方式，需要研究自然物体的形式、特点和认识它的变化规律及条件。素描是解决这些造型问题的最佳途径。这在艺术造型的实践中得到了证实，因此，素描被称为“造型艺术的基础”。

以铅笔、钢笔、炭铅笔等作为素描的常用工具，以线条来画出物象明暗的单色画，通过线条及线条排列的使用，把绘图者所要表现的物象的形体结构、明暗关系、质量感、体积感和空间感真实而直观地再现于纸面上（见图 2-30 至图 2-34）。这是研究调子素描过程中必经的一个阶段。

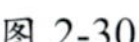

图 2-30

图 2-31

图 2-32

图 2-33

图 2-34

调子素描对于绘制表现效果图来说是至关重要的。虽然通过透视可以得到表现空间及物体的形体尺寸，但素描基本功的水平、造型能力和表现能力的强弱直接影响到效果图的真实性，影响到其空间及物体形象的丰富饱满和完美体积感的体现。在一幅效果图中，无论是从整体空间结构，还是从画面效果的角度来说，都需要体现一定的素描关系。素描关系是塑造空间层次感、立体感、真实感、形体结构、光源关系等方面的根本，也是手绘效果图深入刻画的关键之处。

在艺术设计专业的素描训练中，根据专业特点，加强以线造型为主的训练，运用线面结合的塑造方法对所表现物体进行描绘。初学者可以先临摹后写生，快慢结合地逐步训练，从而解决空间处理和塑造物体的体积、形态、光泽、质感等方面的问题，良好的素描基础可以使设计者在绘制效果图时得心应手、挥洒自如。

二、结构素描

结构素描是学习设计的常用表现形式，同时也是现代设计的训练形式，是设计表现训练的基础课程。结构素描在用线表现结构及形体上，有着其他素描表现形式所不具备的优点，它强调的是用线表现形体结构，交代物体造型的来龙去脉，在表现物体本质结构上表现出物体的空间立体感和质量感。因此，在结构素描的绘画中对描绘对象的形体结构来不得丝毫含糊，用结构素描形式默画物体，比较符合一些艺术设计专业的要求。结构素描的学习和训练可以促进绘图者掌握视觉与技巧上的准确性，并对设计程序有一个清晰的思路。以感觉训练为基础，以透视原理为依据，通过徒手绘画，绘图者可以培养敏锐的观察力、正确的分析力、透彻的理解力、丰富的想象力以及准确的表现力，在练习的过程中掌握结构素描的表现规律，并能运用自如地表现设计形态。结构素描的训练应努力解决以下几个方面的问题。

1. 把握比较比例关系，推敲透视变化

在默画出大的几何形态的基础上，画出各个形体的基本比例关系。比例因素没有一定的固定程式，它随人视角的变化而变化，在默画中要注意描绘同一视角的各种比例关系与透视关系，如许多圆形口玻璃杯前后摆开，细心比较可以发现离视平线越近，圆口的圆度越小，反之则越大，通过物体之间相互比较形成大、小、方、圆等比例关系。准确把握画中的比例关系，是绘图者默画中提升造型能力的关键因素之一。

2. 交代结构关系，防止单调和空洞

在取得了正确的比例关系之后，要进一步默画出物体的各种结构，这是结构素描中形体塑造的关键。默画物体结构时，要防止勾轮廓式的画结构框，也不能只画看得见的结构关系。结构的交代要从整体出发，从透视解剖的角度出发，默画出各种结构面的转折与延续，要注意理解形体的穿插，防止单调和空洞。默画结构关系的方法是从整体体面入手，在大体面中找小体面，在小体面中再找局部体面。

3. 深入塑造形体，强调空间关系

结构素描物体的默画，摆脱了明暗光影的影响，除去了明暗调子的描绘，着重表现物象形体结构中各个部分之间的组合和运动规律，在深入塑造形体时要注重理性因素，强调理解、强调线条的准确性和表现性。在用结构素描默画的深入刻画阶段，处理物体的主体与空间关系、局部与整体关系时，理性思维占据了较大的比重，但同时也不要忽视了感性思维的作用，缺少了感性思维的深入刻画，容易造成画面僵硬、缺乏活力，要突出结构素描默画中线条严密、相互交错的节奏变化韵律。

4. 整理归纳，调整统一

完成了深入细致的刻画之后，必须进行归纳、调整，以求造型更准确，形体更厚实，画面的效果更统一、概括、生动。在整理归纳时，对前面物体含糊不清的结构转折地方要做明确肯定，外形轮廓要结实地连贯起来，用笔要大胆、奔放，过于烦琐的局部可以适当删去，同时还要细心检查形体结构是否表现准确，远处的物体轮廓要适当减弱、概括地处理。通过整理归纳，加强了前后空间关系，使画面完整统一（见图 2-35 至图 2-37）。

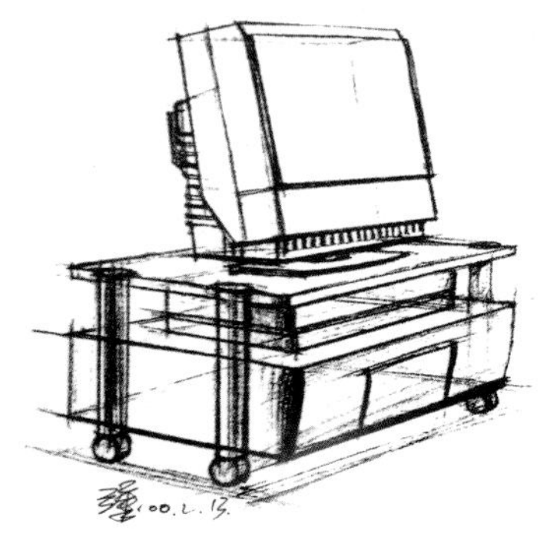

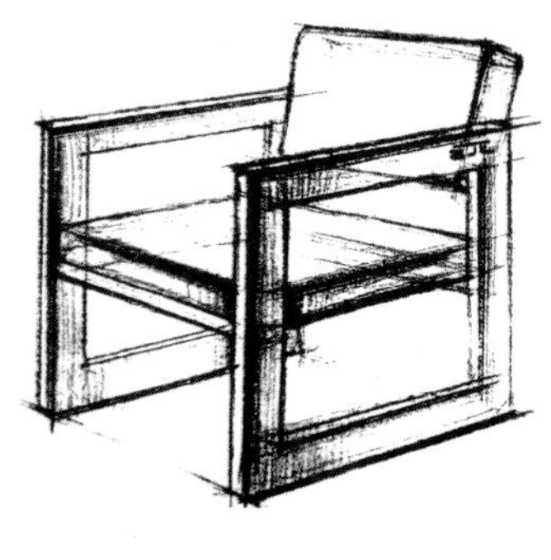

图 2-35

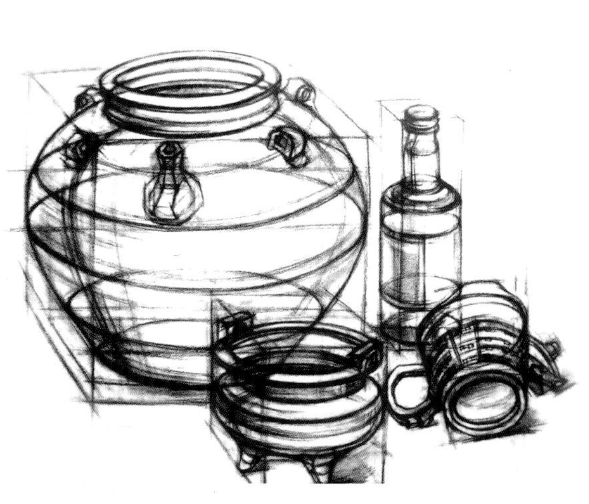

图 2-36

图 2-37

第四节　速　写

一、速写的含义

速写顾名思义是一种快速的写生方法，有草图的意思。速写有以下两种含义。

（1）一种绘画术语，用简练的线条在短时间内扼要地画出物体的动、静态形象。一般用于创作的素材。

（2）一种篇幅短小、文笔简练生动，扼要描写生活中有意义的事物或人和物的情况的文体。也指用概括有力的笔墨扼要描写学习和生活中的人物或生活场景的表现手法。速写与素描一样，不但是造型艺术的基础，也是一种用独立的艺术简化形式综合表现空间、物体造型的绘画基础方法（见图 2-38 至图 2-42）。

图 2-38

图 2-39

图 2-40

图 2-41

图 2-42

二、速写的工具和功能

速写的工具很多，如钢笔、铅笔、炭铅笔、木炭条、毛笔等。

速写是在较短时间内迅速将对象描绘下来的一种绘画形式，它具有收集绘画素材、训练造型能力两大方面的功能（见图 2-43 至图 2-46）。速写最能表现出绘画者敏锐的观察能力和对物质世界的新鲜感受。画面生动感人是速写的一个显著特征。在效果图中，速写能力的提高有助于对空间尺度结构和形体比例的快速、准确表达，有助于轮廓的准确界定，并能够敏捷、快速、及时地表达设计意图。通过写生和临摹，可以方便地记录和搜集有价值的设计资料与图像信息，加强眼、手、脑的有机配合，提高对复杂物象的集中概括能力。

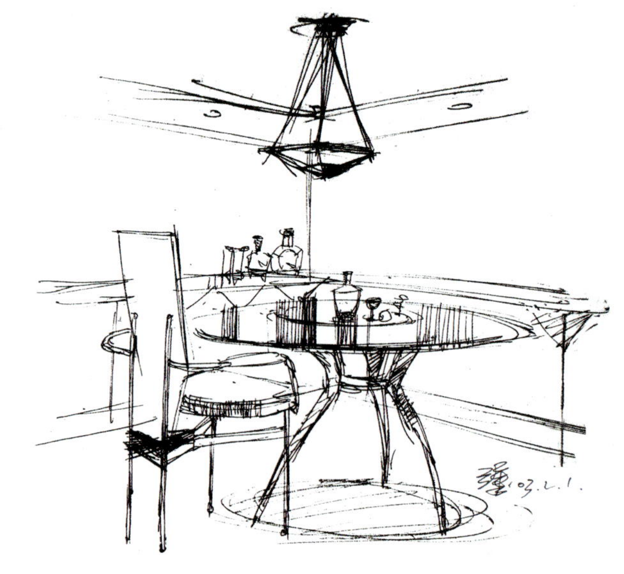

图 2-43

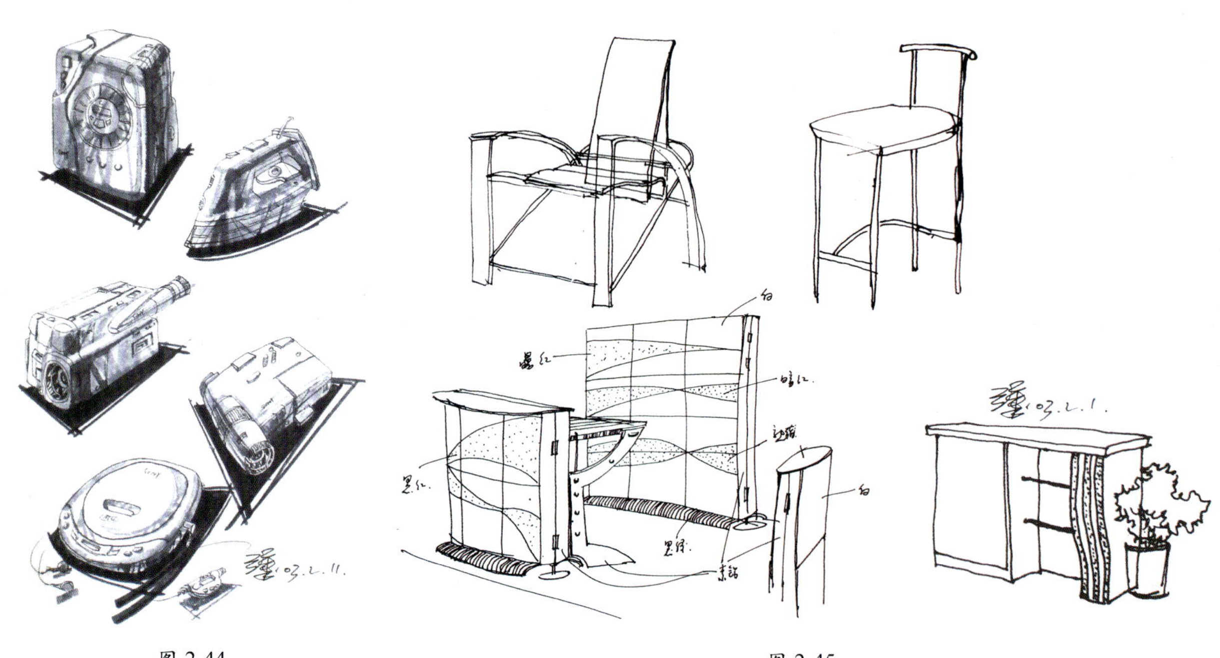

图 2-44

图 2-45

图 2-46

速写因作画时间短，在描绘对象时，放笔直取，可随时描绘人们周围生活中的任何物象，擅长描写头脑中转瞬即逝的形态。速写描绘的题材远超课堂上素描练习内容的范围。长期坚持速写，能使设计者养成注意观察周围生活的良好习惯，可为日后创作和设计积累丰富的艺术素材。

速写又是一种锻炼动手能力的良好训练方法。有些速写训练又可以理解为短期作业形式，在进行相对长时间的作业训练的同时，多速写，做到长、短期作业穿插进行，是室内设计效果图基础训练的一种良好方法，因此，速写又是一种对长期手绘效果图作业训练的辅助练习形式。

速写训练并不是以快为目的，而是为了省略那些对表达主要内容无关紧要的东西，生动概括地描绘和记录物象的主要内容。在室内设计和效果图的实际设计和表现中，首先要进行形体、空间等方面的形象构思。这些构思就需要用速写的方式先进行推敲，这时的速写是创作语言的表达，也是设计思维过程的真实记录，同时还是设计者之间、设计者与其他工作人员之间的交流表达方式。

速写要求在较短的时间内画出所需要表现的对象。以线条形式来描绘形象，是速写表现中最直截了当的一种方法。线条除了具有描绘对象形体的功能外，其自身还具有艺术表现功能，它可体现出丰富的内涵，如力量、轻松、凝重、飘逸等美感特征。设计者在速写的时候，会不知不觉地将自己的艺术个性通过线条的运用流露出来。以线造型是速写中最常用的表现形式。除此之外，线面结合也是常见的形式之一，线面结合表现法除了用线表现，还对表现对象的层次、明暗、虚实等进行描绘，重点训练形体塑造能力和层次体现能力，并能够体现空间的立体感。有时在结构转折处衬些明暗调子，能增加速写艺术的表现力，使画面的气氛变幻更加丰富。除以上两种形式外，还有一种纯明暗的速写，较少见。当然有些设计者因追求自己画风的需要而做这样的形式探索也是有的。这不宜做初学速写者训练过程中追求的目标。

第五节　色彩概述

色彩在效果图表现技法中占据着重要的位置。设计者所要表现的空间环境是冷色调还是暖色调，以及在设计中所要体现的材料色泽、质感都需要通过色彩的表现来完成。学习色彩相关知识和加强色彩写生训练对效果图的色彩把握起着关键性的作用（见图 2-47）。

图 2-47

一、色彩相关知识

1. 色彩的定义

色彩是光源中可见光在不同质的物体上的反映。色彩是光照射到物体后，物体对光产生吸收或反射，反射的光刺激人眼，并通过人的视神经传到大脑所产生的。色彩的产生涉及光源、物体、眼睛、大脑和行为反应，涉及物理过程、生理过程和心理过程。

光源可分为自然光源、人工光源和其他光源（如生物光、自然发光物等）。

2. 光谱色

在 17 世纪之前，人类对色彩的认识都停留在感性认识上。真正对光和色进行科学分析的是 1666 年英国物理学家牛顿的太阳光折射实验。牛顿将一束光（阳光）从缝隙引入暗室，光遇到三棱镜发生折射，出现了红、橙、黄、绿、蓝、靛、紫的像彩虹一样的美丽色带。这种色带就是光谱（见图 2-48）。

图 2-48

3. 色彩三要素

（1）色相（Hue）：广义上讲是色彩呈现的面貌；狭义上讲是色料对光谱色的模仿，即对光波波长的模仿，是一切色彩面貌的基础。

（2）明度(Value)：是色彩的明暗程度。在无彩色系中，白色明度最高，黑色明度最低。色彩的明度取决于物体反射光的量（见图 2-49）。

图 2-49

（3）纯度（Chroma）：指色彩的饱和度或纯净程度。

4. 色立体

色彩按照明度、纯度与色相这三种基本属性关系有次序、系统地进行排列与组合，构成一个具有三维空间的色彩体系，简称色立体。通常用三维空间关系来表示明度、纯度与色相的关系，以明度为纵向，以纯度为横向，以色相为环序，以无彩色为轴，组成立体结构（见图 2-50）。色立体形象地表明了明度、纯度与色相间的相互关系，有助于色彩的分类、研究、应用，有助于对对比与调和等色彩规律的理解。

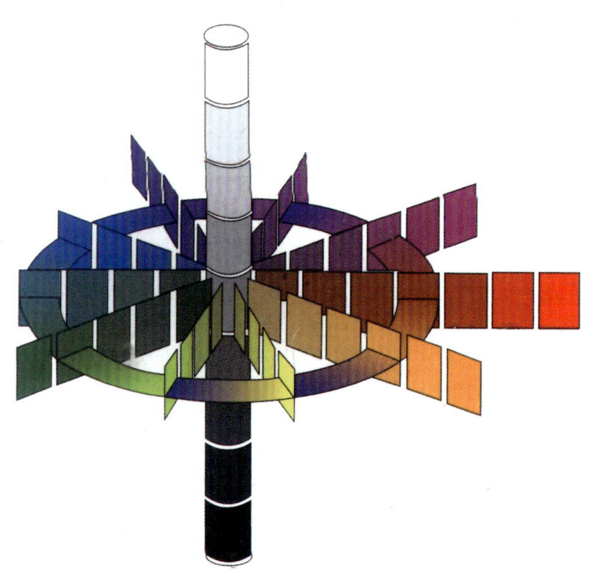
图 2-50

5. 色彩混合（绘画色彩）

绘画色彩的三原色是红色（Red）、绿色（Green）和蓝色（Blue）。色料的混合，混合纯度、明度越低，色彩越暗。

6. 色彩的空间混合（视觉混合）

两种或两种以上的小面积色彩并置在一起，并通过一定的空间距离，在人的视网膜上形成的混合，称为空间混合。例如，黄色与蓝色并置，人站在稍远的位置看上去会呈绿色（黄与蓝的混合色）。

7. 构成物体色彩的因素

（1）光源色：也就是光本身的颜色，如太阳光、各种灯光等。

（2）固有色：指物体本身的颜色。

（3）环境色：指环境影响使物体产生的颜色，也称为反光色。

8. 色彩上的心理感受——冷与暖

冷暖是指人对自然界具有冷暖属性的事物的视觉经验与相应色相的联系，是色彩使人心理上产生的一种感受。如果将色相与冷暖相对应的话，只有橙色或偏橙色的红、黄看上去暖些，蓝色看上去冷些。当基本色相稍微偏离的时候，色性就会变化。例如，红色偏离的时候，产生冷味红（西洋红）和暖味红（橘红），绿色偏离同样产生冷味绿（翠绿）和暖味绿（土绿）。在设计中采用冷暖对比，可强化视觉表现。

9. 色彩的视觉平衡要求——补色

补色现象是人们对色彩平衡的一种视觉生理需求。德国生理学家埃瓦尔德·赫林认为人有三对视质（红—绿、黄—紫、橙—蓝），当眼睛观察某一色彩时，会自动看到它的补色，形成一种生理上的视觉平衡。

（1）补色的观念。补色在色环中成 180° 角，在几何学上称为补角。色彩中的补色相互调和会使色彩纯度降低，变成灰色。补色有朝相反方向补充对方的性质，如将红色置于绿色之中，会感觉到红更红、绿更绿。

（2）补色的现象。

①连续比较（正前像，正后像，负后像）：当眼睛看过一个在白纸上的红色物像（正前像），然后将红色物像拿去，眼睛在 1/24 秒内仍看到红色物像（正后像），超过 1/24 秒则出现红色的补色——绿色的物像（负后像，也称残像）。如人眼看太阳后的感觉。

②同时比较：同时比较形成了色彩的错觉，同一块色在不同的色彩区域里，会产生色彩的错觉。例如，将同一块红色，放在绿色区域里会显得更红，放在白色区域里会降低暗度，放在橙色区域则偏紫。

二、色彩的应用

1. 以应用为目的的色彩分类

（1）自然色彩（客观色彩，写生色彩）。自然色彩是自然界所表现的客观色彩。在色彩表现中自然色彩最为丰富、生动，因此在表现自然颜色时要考虑到光线的影响。

（2）直觉色彩。凭直觉经验获得的物体色彩，表现为固定的色彩直觉模式，即固有色，不注重光线及环境色对物体的影响。

（3）概念色彩。概念色彩是对色彩形成的一种概念化的认识，如红花、绿叶、蓝天、白云，表现为一种抽象概念化的色彩。

（4）设计色彩。设计色彩是对各种产品设计运用的色彩和各种运用设计表现的色彩，如工业设计、建筑设计等。例如，医院的功能是治病和康复，色彩运用的方法以洁净、安宁为主，多用白色、淡蓝色、淡绿色；幼儿园是孩子的天地，多用纯色；在中国的传统意识中，由于人们对财富与神权崇拜，在很多场所运用纯金色或金属色。

2. 色彩的基本组合方式

色彩搭配的最根本的规律是运用好色彩中的“五色”。所谓“五色”即“黑、白、灰、鲜（鲜色，高纯度）、晦（晦色，低纯度）”，它包括了人们对色彩的最基本要求。“五色”在任何色彩组合当中都能起到协调的作用。

在设计中多是运用简洁的色彩表达设计思想。在色彩组合中可根据需求增减“五色”，可以 1 ~ 3 个鲜色或 1 ~ 3 个晦色与黑、白、灰搭配运用。

3. 色彩的空间

色彩的空间表示色彩的前后，由色相、明度、纯度、冷暖以及形状等因素构成。高明度色有向前的感觉，低明度色有向后的感觉。

暖色有向前的感觉，冷色有向后的感觉。

高纯度色有向前的感觉，低纯度色（晦色）有向后的感觉。

色彩整齐有向前的感觉，色彩不整边缘虚有向后的感觉。

色彩面积大有向前的感觉，色彩面积小有向后的感觉。

4. 色彩对比与形状

形状在色彩对比中起到强化或减弱色彩对比的作用。

形状集中对比强烈，分离则对比减弱。

形状实对比强烈，虚则对比减弱。

形状完整对比强烈，不完整则对比减弱。

形状接触面积大对比强烈，反之则对比减弱。

5. 色彩心理

色彩心理是指色彩引起人们心理的某种感觉，形成一种心理的联想。

色彩心理包括积极色彩和消极色彩。红色系列是积极色，蓝色系列是消极色，低纯度的晦色是消极色。

6. 色彩的对比

色彩的对比主要包括纯度对比、冷暖对比和面积对比。

（1）纯度对比：强化对比程度时，常采用面积较大的低纯度与面积较小的高纯度对比，色彩鲜明而不过于热烈。

（2）冷暖对比：冷暖对比一定要注意冷暖色的倾向，冷暖面积差要大。

（3）面积对比：是强调画面占统治地位的色彩与从属地位的色彩之间的对比。统治色彩由大面积组成，其他色彩处服从地位。

7. 色彩的联想与象征

色彩设计最好要注意色彩的调和，即尽量使差异的色彩纳入一个整体色彩体系中。在日常设计中根据设计主题要适当考虑色彩的联想与象征。不同的色彩有不同的联想与象征，常用的色彩如下：

红色：喜庆、热烈、革命、警示、勇敢。

橙色：温暖、兴奋、健康、富裕、权威、焦躁。

黄色：光明、成长、宗教、权威、噪声。

绿色：和平、娇嫩、丰富、青春、生长、理想。

蓝色：淡雅、悠远、宁静、深沉、阴郁、冷淡。

紫色：娇艳、娇媚、不安、悲叹。

褐色：战争、稳重、老成、历史感、厚重。

黑色：神秘、恐怖、严肃、孤寂、高贵。

白色：洁静、纯洁、雅致、发散、凄凉。

灰色：温和、空虚、中庸、朴素。

金色：光明、富贵、坚固、幸福、神灵、收获。

银色：贵重、寒冷、悲伤、宇宙、金属感。

8. 色调

色调是指色彩在画面中的主要倾向。在效果图中色调指各物体之间所形成的整体色彩倾向，如暖色调、冷色调、中性色调、红色调、黄色调等（见图 2-51 和图 2-52）。

图 2-51

图 2-52

物体色彩的面积大小和光源色在色调中起着主导作用。

色调可以分为两大类：以统一为主、对比为辅的色调，称为调和调；以对比为主、统一为辅的色调，称为对比调。

在明度上可以分为高调、中调、低调。高调给人以明亮、优雅的感觉，中调有柔和、稳定之感，低调给人以沉闷、神秘、阴暗的感觉。

三、色彩写生训练

色彩感觉可以通过写生训练来提高。提高色彩感觉的写生训练途径有以下几个方面。

1. 训练用几种简单的颜色来调配丰富色彩的能力

调配颜色无疑是写生训练基本的技能之一，通过五到十节课的训练，学生熟悉调色的基本规律，能用八九种颜色表现丰富的色彩关系。色彩大师们作画，用色一般很少，但色彩往往很丰富、到位。写生训练往往要经历这样一个过程：开始练习时，颜色种类不宜过多，练习调色能力；中间阶段，可能要练习所有的常用色，避免对哪一种颜色过分偏爱，尽可能掌握每一种颜色的性能；最后，又要努力简化画面的颜色，做到用最少的颜色表达最多的色彩感觉。

2. 训练不断寻求明度、纯度、冷暖变化的能力

明度、纯度、冷暖是色彩基本的要素，几乎所有的色彩语言都与其相关。三者的自身变化和三者的交叉变化才使画面的色彩绚丽。

3. 训练捕捉光色变化的能力

“‘光’之不存，‘色’将焉附”，没有光就没有丰富的色彩效果。同时，自然光也是变化最多的光，一天中，早、中、晚的色彩就有明显的特点。即使同一时间段，光色也是瞬息万变。利用外光写生能很好地训练捕捉光色变化的能力。

4. 训练用色彩的纯度变化、冷暖变化表现空间的能力

空间表现是色彩写生中的一大难题，除了运用素描关系表现空间以外，更要充分利用色彩关系表现空间。对比强（鲜灰对比、冷暖对比等）有往前进的感觉，反之则有往后退的感觉。一般规律为：冷退暖进（色彩的冷暖）、灰退鲜进（颜色的鲜灰）、湿退干进（水分多为湿、水分少或无水分为干）、薄退厚进（颜色的薄厚）、疏退密进（概括、细节少的往后，变化多、细节丰富的往前）、弱退强进（对比弱、边缘弱往后退，反之往前进）。

5. 训练利用色彩来表现背光部的能力

背光部的颜色不易判断，要善于把它放到整体中来比较。背光部的颜色也应该有一定的色彩倾向。

6. 训练形色结合的能力

水粉画一般采用直接画法，不同于罩染技法，要求以色塑形，这就要求有素描造型的能力，能将形和色紧密相连，做到形色结合。

在写生训练中应注意以下几个问题。

（1）缺少冷暖的对比与变化就会缺少色彩的跳动感。

（2）色彩的丰富与否不是指颜色种类的多寡，少数几种颜色也可以调配出丰富的色彩关系。

（3）笔触是为色彩服务的，不要本末倒置。

（4）充分利用色相对比、明度对比、纯度对比、冷暖对比、补色对比等对比因素。

（5） 不要片面追求色彩的丰富而破坏整体的单纯性。

（6）不要片面追求条件色而使固有色面目全非。

（7）充分利用白色和水这两种介质。

（8）看一张画，要从色调去看（见图 2-53 至图 2-57）。

图 2-53

图 2-54

图 2-55

图 2-56

图 2-57

思考与练习 SIKAO YU LIANXI

1. 简述透视的基本含义。

2. 分别简述一点透视、二点透视、一点斜透视的定义。

3. 用一点透视、二点透视、一点斜透视的原理，分别设计绘制一幅居室的透视图。

4. 用素描的方式绘制一幅室内效果图。

5. 运用色彩的表现方式绘制一幅室内效果图。

CHAPTER THREE

第三章 室内设计手绘效果图工具与准备工作

本章知识点

室内手绘效果图表现常用纸类、笔类及辅助工具的特点及使用方法。

学习目标

了解室内设计手绘效果图工具的运用。

“工欲善其事，必先利其器”，这句俗语表明做任何事情，要想做得更好，就要有得心应手的器具。在手绘效果图的绘制过程中，良好的工具与材料对效果图的表现起着至关重要的作用，也给技法的学习提供了很多便利的条件。但良好的工具与材料不是画好效果图的决定性因素，纯熟的技巧才是绘制的关键。使用不同的工具材料，产生不同的表现形式，得到不同的表现效果。为了取得高质量的效果图，必须有细心的准备工作。本章主要介绍手绘效果图常用的笔、尺子、颜料、纸以及其他辅助工具的特点、性能和使用方法（见图 3-1）。

图 3-1

第一节　常用笔类

铅笔、钢笔、中性笔、彩色铅笔、尼龙笔、水彩笔、马克笔、喷笔、色粉笔等是绘制效果图的常用工具。其中铅笔、钢笔、中性笔、马克笔、彩色铅笔等是设计草图的快速表现工具。

一、铅笔

铅笔的最大特点是线条方便修改。铅笔根据其性能分硬性铅笔 H 系列和软性铅笔 B 系列。HB 中性铅笔软硬适中，是起稿画透视图的首选工具。在室内设计手绘效果图中，铅笔是一种比较常用的表现工具，既适合于空间及物体形体的勾勒，也适合于细部刻画，同时也便于塑造虚实变化和明暗关系，加强物体的体积和阴影的表现。但是，铅笔的使用无法表达空间中的色彩关系，仅靠肌理的描绘和光感的刻画，很难对材质进行准确表达。

二、钢笔和中性笔

钢笔和中性笔的墨线清晰，具有很好的视觉效果，是最为常用的效果图表现工具。钢笔和中性笔的笔端粗细都是可以选择的（见图 3-2），一般要根据画面的内容和幅面的大小来决定，而画面当中的结构线的粗细有时候也显得非常重要。钢笔和中性笔在上调子和虚实处理方面不如铅笔表现得细腻，在效果图中钢笔线条的疏密变化以及暗部和明暗交界线的概括处理也能够较好地表现出素描关系，但要注意所使用的墨水干后不能被水溶开，以免着水色损坏画面。

图 3-2

三、彩色铅笔

彩色铅笔（有时也称为“彩铅”）是一种常用的效果图表现工具，其色彩齐全，便于携带，容易掌握，可以修改。尤其在表现画幅较小的效果图时非常方便，拿来即用。彩色铅笔有一般性和水溶性两种。使用一般性彩色铅笔时，可以通过反复叠加的方法来加强色彩的丰富感，但此种彩色铅笔具有蜡质特性，会因表面光滑而无法着色，所以存在暗部不够暗的现象，此种技法不适宜大幅面的效果图表现，一般可以和其他技法配合表现。水溶性彩色铅笔多与水等结合，在画面上涂上彩色铅笔后，用水快速地将其稀释，产生类似水彩的效果。其色彩较为鲜明，画面明亮，表现出的画面具有印象派的色彩效果。由于彩色铅笔本身的性质，对材料质感的表现力有一定局限性，一方面不易进行细致刻画，另一方面不易形成较强的明暗对比。

四、尼龙笔和水彩笔

尼龙笔笔毛不宜过硬也不宜过软且要富有弹性，笔锋要有方扁及大小不同之别，通常也叫平头笔，适用于大幅水粉、水彩效果图的技法表现，而且笔触感极强（见图 3–3）。水彩笔外形与油画笔相似，但笔毛多用羊毫制成，弹性欠佳，毛层厚而软，蓄水、蓄色量大，运笔流畅，既可以大面积渲染，又可以小面积分染。在不同面积的绘制时采用不同型号的笔，刻画细节时一般采用小号扁头笔和圆头勾线笔。勾线笔有小号的圆头尼龙笔，中号的衣纹笔、叶筋笔等。

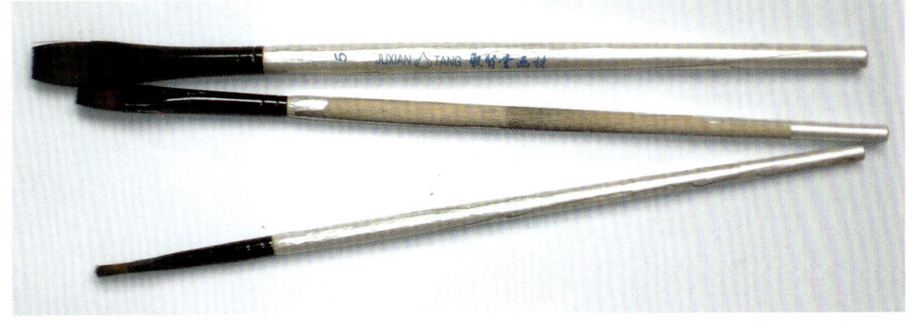

图 3-3

五、马克笔

马克笔也称麦克笔，分为水性马克笔和油性马克笔，是一种常用的效果图表现工具。水性马克笔色彩亮丽，且透明度好。油性马克笔色彩干得快、耐水，具有很好的耐光性。它不像水粉、水彩可以覆盖修改。马克笔的笔端有方形和圆形之分，方形笔头整齐、平直，笔触感强烈且有张力，适合于块面的物体着色；圆形笔端适合较粗的轮廓勾画和细部刻画。

马克笔颜色是固定的，不能调配使用，只能利用它色彩透明的特点一层一层地涂画使用。马克笔根据不同的要求，可配置出同色相而深浅不同的多种明度和纯度的色笔，可达上百种，且色彩的分布按照使用频度分成几个系列，还配有常用的不同色阶的灰色系列等，使用非常方便。

马克笔具有作画快捷、色彩丰富、表现力强的特点，近年来尤其受到室内设计者和建筑师的青睐。马克笔以笔触排列的方法进行过渡变化，显得概括、生动，以层层叠加的方式进行着色，一般需先浅后深，逐步深入（见图 3–4）。

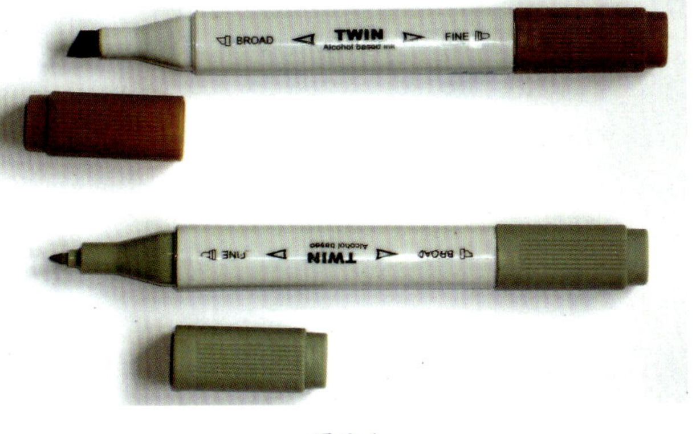

图 3-4

六、喷笔

喷笔的发明和使用，为深入表现物体的细部变化及色彩和质感创造了条件。它可以表现出其他工具难以达到的效果，如明暗、色彩的柔和过渡、光线的微妙变化、材料质感的逼真，喷笔对表现天空、玻璃、灯光、倒影、物体的高光等也有独到之处（见图 3–5 至图 3–7）。

喷笔是一种可以表现出色彩均匀过渡的工具，尤其适合大空间的色彩表现。尽管可以通过喷头

图 3-5

图 3-6

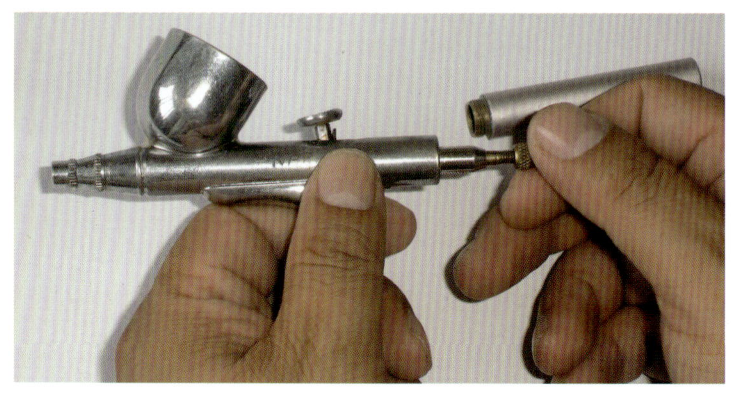

图 3-7

的调整来控制其颜色喷出的量和力度，但对细部刻画有时候不太适用，一般需要手绘方式，利用笔触加以完成，否则会使画面显得松软没有力度。

七、色粉笔

色粉笔的颜色种类很多，性能类似普通粉笔，但其粉质细腻，使用方便，易修改。在手绘效果图中使用得不是很多，一般用于小面积物体的色彩渲染和过渡，如地面倒影、天花板、局部灯光效果等，但不宜在大幅效果图中大面积使用。色粉笔适于与粗质纸面结合，厚涂易落，最好画完再用固定剂喷罩画面，以便保存。

第二节　尺子及其他辅助用具

一、尺子

尺子工具主要有界尺、丁字尺、三角板、比例尺、蛇形尺、曲线板和各种模板。

1．界尺

自制界尺：把两把 40 厘米的有机玻璃直尺两头边缘对齐叠压在一起，把上面的直尺向后平直移动 1.5 厘米用双面胶粘在一起而成。切记两把直尺的刻度面朝下，双面胶带不要超出上方直尺的边缘。

使用方法：右手握两笔，等同于拿筷子的姿势，一支笔蘸颜色，笔头向下离下方直尺边缘约 1 厘米，另一支硬度较高的铅笔笔头向下，端部抵在两尺的尺沟上，平行用笔（见图 3–8 和图 3–9）。

运笔的要领：左手握尺，拇指按压界尺，使界尺多半贴近纸面，右手握笔，距界尺边缘约 1 厘米处落笔于纸面，由左向右，均匀用力，沿尺沟滑动，即可画出细致而均匀、平直而挺拔的线条。这里要注意的是，界尺必须与纸面上的线保持平行，在画线时，由于界尺左端高、右端低，所以要注意拿笔的右手的灵活性（见图 3–10）。

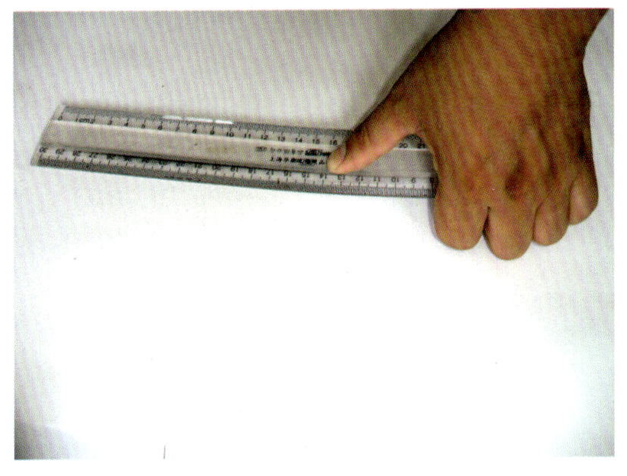

图 3-8

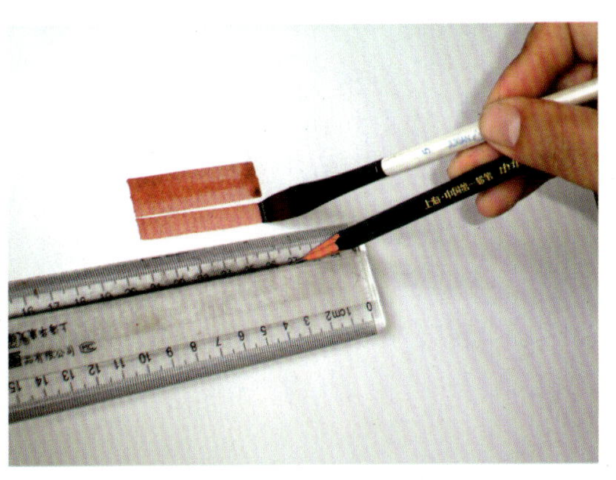

图 3-9

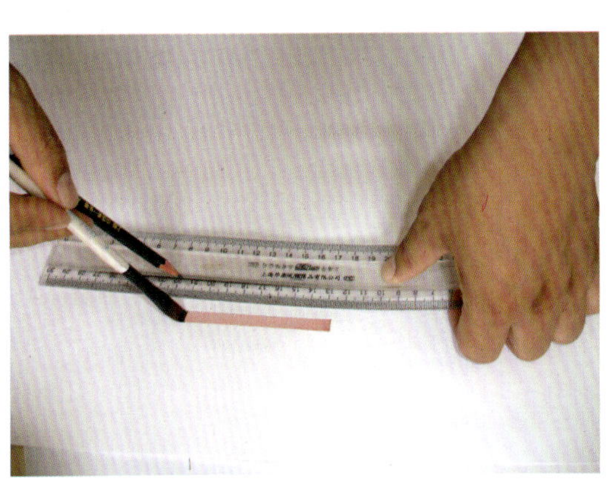

图 3-10

2. 丁字尺

丁字尺常用的尺度有 60 厘米、90 厘米，有机玻璃材料，作用是画水平线和透视中所有的平行线。

使用方法：丁字形的尺沟卡在画板的左边，左手扶尺，右手握铅笔，沿着尺子的上边缘由左向右行笔。

3. 三角板

三角板常用的有 15 厘米、30 厘米规格，有机玻璃材料，作用是画透视中所有的垂直线。

使用方法：三角板直角一边，朝左下方紧抵在丁字尺的上边缘，左手扶三角板和丁字尺，右手握铅笔，沿三角板左边缘由下而上行笔。

4. 比例尺

比例尺也称为三棱尺，有从 1 ∶ 100 到 1 ∶ 500 的比例尺度，有木质的也有有机玻璃材料的，是放大和缩小图幅的有效工具。比例数值越大所表现的范围就越小，所以在绘制效果图时要根据空间大小和图纸的范围来选择合适的比例，一般画室内效果图常用的比例是 1 ∶ 50、1 ∶ 40、1 ∶ 30、1 ∶ 25、1 ∶ 20。

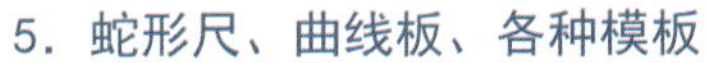

5. 蛇形尺、曲线板、各种模板

蛇形尺、曲线板是画各种弧线和曲线的有效工具。各种模板是沿着模板形状画出特定图形的工具。

二、其他辅助用具

1. 调色用具

水粉画的调色要用到调色盒（板）等。对调色盒（板）的基本要求是洁白、平整、不吸水。调色盒以色格略深、20 ~ 24 格的塑料质为宜（外出写生存放颜料轻便实用）。为了防止颜色干裂，不用时可覆盖一层用清水浸湿的海绵或毛巾等，使颜料保持水分而不干。外出写生时，如果用调色板，可根据写生对象的色彩随用随挤，防止大量颜料受到风吹日晒而变质。如果喷绘大幅水粉效果图，在室内可用瓷盘、碟、杯子等调大面积色彩。

2. 笔洗用具

笔洗用具以塑料瓶、罐、小桶为宜，大小视画面需要而定，还需要一块易吸水的布或海绵，用

以擦拭控制画笔的水分。

3. 试色纸

无论什么表现技法、画幅多大，上色前都要先选一张与效果图同类的纸张作为试色纸，试看一下颜色的深浅、饱和度等是否达到要求，而后再往正稿上着色。

4. 工作台

创造一个良好的工作环境是十分重要的，结合自己现有的条件，动手制作一个绘图工作台，合理地摆放各种工具。

5. 其他工具

剪刀、刻纸刀、橡皮、胶带纸、胶水（糨糊）、吹风机等工具也要尽可能地准备齐全。

第三节　颜料及纸

目前绘制效果图经常使用的颜料主要有水彩、透明水色、水粉以及丙烯等。各种颜料由于性能不同，在使用方法上也有很大差别，绘制表现的效果图也不同。因而在学习绘制效果图之前首先应当熟悉各种颜料的特点，做到心中有数，这样使用起来才会得心应手。水粉、水彩等这些常用颜料在使用过程中，干湿运用不同，色彩的饱和度以及色彩控制的难易程度也不同。

一、颜料

1. 水彩颜料

一般为锡袋装、塑料管装，也有块装的，颜色从高纯度到灰度非常齐全。与水调和，其色度与纯度和水的加入量有关，水越多色彩就越浅，纯度也就越低。水彩色彩鲜明而着色力强，具有一定的透明性，但不宜覆盖和修改。

2. 透明水色颜料

透明水色也称为“照相色”，是一种纯水性的浓缩颜料。透明水色的运用是以湿毛笔蘸上厚纸中的颜色再放到白瓷盘中与其他水色调和出所需要的颜色，然后再画到纸上。透明水色颗粒极细、色质较好、透明、鲜艳、着色力和渗透性极强，着色时需要小心谨慎。水质马克笔用的也是透明水色。

3. 水粉颜料

水粉颜料又称“广告色”“宣传色”，目前市场上有锡管装、瓶装和粉状袋装三种。锡管装的比较好，质地较细，使用和携带都很方便，使用较为广泛。瓶装的浓缩水粉颜料比较稀薄，颗粒很细。白色遮盖力较强，不透明，可与其他颜色混合以提高透明度，是水粉画必不可少的常用颜色。颜料中大都含粉质，故厚画时具有覆盖性和塑造性，薄画则显半透明，近似水彩效果，但是颜色干湿使其深浅变化较大。

4. 丙烯颜料

丙烯颜料分罐装和锡管装两种，罐装的是一种浓厚液体，管装的具有奶油似的稠度。丙烯颜料是一种塑料颜料，它是以合成树脂为溶液与传统颜料混合而成的，分水溶性和油溶性两种。水溶性丙烯颜料的性能与通常的水粉颜料相似，可与水粉混合使用，有一定的透明度，色彩鲜艳，黏着力强，耐光照，防水性能好，可以层层薄加，也可以厚堆。油溶性丙烯颜料主要用油进行调和，价格较贵，但色泽鲜艳，干湿变化不明显。这种颜料容易干，所以不用时应随时把管（瓶）盖拧好，把调色用具洗净，防止硬化。

二、纸

图 3-11

画纸的种类很多，一般都可以用来绘制效果图，不同的纸性能不同，特点也不一样，与不同的工具组合，效果也各异。在绘制效果图之前，首先要了解各种纸的特点（见图 3-11）。

（1）素描纸：纸质较好，表面略粗，易画铅笔画，耐擦，稍吸水，适宜作较深入的素描练习和彩色铅笔效果图。

（2）水彩纸：正面纹理较粗，蓄水力强，反面细腻也可利用，耐擦，适宜作精致描绘的效果图。

（3）水粉纸：较水彩纸薄，纸面略粗，吸色稳定，不宜多擦。

（4）绘图纸：纸质较厚，结实耐擦，表面较光，适宜水彩、水粉，用于钢笔淡彩及马克笔、彩色铅笔、喷笔作画。

（5）铜版纸：白亮光滑，吸水性差，不适宜铅笔作画，适宜用钢笔、中性笔、马克笔作画。

（6）色纸：色彩丰富、品种齐全、质地厚实，多为进口，多数为中性低纯度颜色，可根据画面内容选择适合的颜色基调。

（7）卡纸、书面纸、牛皮纸：多为工业用纸，熟悉其性能后也可成为进口色纸代用品。

（8）复印纸：纸质洁白而细腻，吸水性适中，适合马克笔、彩色铅笔草图的快速表现。

不同特点的纸适合与不同性能的工具和颜料结合，纸张类型的选择除了要结合自己的特点进行确定之外，还要根据绘图工具和所用颜料来定。

三、裱纸

画大幅效果图或长期作业的时候，凡是采用水质颜料作画的技法，都必须将图纸贴在图板上才能绘制，否则纸面被打湿以后容易膨胀，造成纸面凹凸不平，使绘制和画面的最后效果都受到影响。

一般裱纸常用的方法有两种，一种是反面刷水裱纸法，一种是胶面纸带裱纸法。这两种方法的操作基本是一致的。首先，将纸的四周沿同一宽度折起来，在纸面被折起的部分里面均匀刷水，将纸充分打湿，在折起的纸边上刷满白乳胶；然后，将纸反过来，平整地铺放在图板上，从中间向两边摊开，用直尺压实四周纸边；最后，用吹风机先吹干刷乳胶的纸边，吹干中间刷水部位。这样一张纸就裱完了。

胶面纸带裱纸法的区别在于，它是贴胶带而不是刷糨糊，一般是让纸自然风干。

▪ ▪ ▪ 思考与练习

1. 绘制效果图常用的工具有哪些？
2. 绘制效果图的颜料如何选择？

CHAPTER FOUR

第四章
材料质感、陈设及配景表现

本章知识点

手绘效果图不同材料质感的表现；室内陈设表现；植物配景、人物配景及其表现。

学习目标

了解材料质感表现，掌握室内陈设表现方法，灵活运用配景。

第一节　材料质感的表现

质感主要是指材料自身特有的质地、肌理的综合体现，是指物体在视觉和触觉下的外表特征。质感是任何材料都具有的“神”态和气质。

室内装修材料的选定是反映设计方案艺术风格的重要因素，也是设计项目中确定限额的主要内容之一。材料质地的好坏将直接影响表现空间环境的装饰效果，同时也对施工工艺、经济与使用寿命产生影响。在室内设计中，同样结构的外观设计，施以不同质地的面层材料，会产生不同的个性，给人带来不同的视觉感受，所以在设计上要艺术地、合理地使用材料，使其质感得以充分体现，使其既能满足功能要求，又能在视觉上给人以美的享受。切忌仅仅为了追求质感效果而盲目地乱堆乱用材料，既造成混乱的视觉效果，又造成不必要的资源浪费。

材料的质感和色彩的表现对画面的真实感影响很大，要想效果图取得良好的效果，就要在平时的基础训练中认真研究，把握材质的基本特征，掌握材质表现的基本规律，以及各种因素下的不同表现方法，形成一种规范化、程式化的表现语言。

千差万别的材质其表面呈现不同的色彩和肌理，在光的作用下，不同的材质会产生不同的光感效果，形成不同的色彩关系。从其表面的触感效果，把材质概括地分为两大类：平面材质和立体材质。

一、平面材质的表现

1．表面平整、光滑的材质

表面平整、光滑的材质如磨光石材、瓷砖、不锈钢板、钛金板、铝塑板、玻璃板等。

（1）磨光石材画法：以大理石、花岗岩为例，大理石与花岗岩经过抛光都能达到较好的光洁度，花岗岩比大理石密度小、硬度低，大理石在光亮度与耐磨损方面都比不上花岗岩。花岗岩因为耐磨性好、光亮度强，多用作地面材料（见图 4–1）。

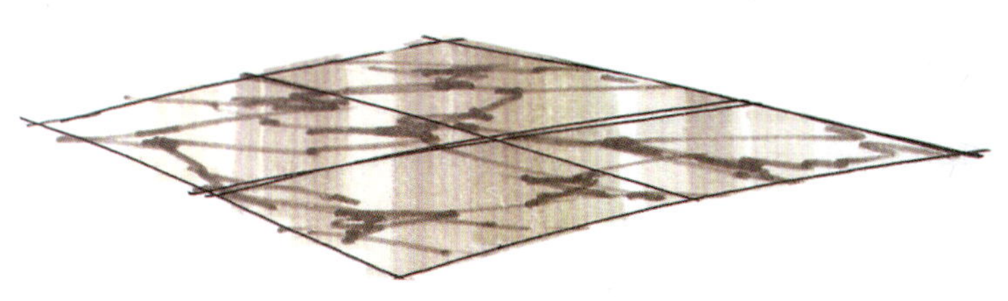

图 4-1

（2）不锈钢柱画法：有抛光和亚光质感。抛光的金属材料具有很强的反射性能，可以清晰地反射环境中的物象，并有亮度很强的高光点。在表现上先用冷灰色画出柱子的体积关系，而后画出周围环境的影子，因其反射性强，所以深色很重、亮色很亮，要顺着结构走向用笔，最后点画出高光。亚光面的金属材料其反射光的能力比较弱，没有很亮的高光聚点，对环境色的反映不明显（见图 4–2）。

图 4-2

（3）玻璃窗画法：常用的玻璃有镜面玻璃、透明玻璃、磨砂玻璃和刻花玻璃、热熔玻璃等。除磨砂玻璃外，其他玻璃的反光性能都比较强。先画出玻璃后面的景物，而后画玻璃上环境的影子和亮光点（见图 4-3）。

图 4-3

2. 表面平整、有细微肌理的材质

表面平整、有细微肌理的材质如木质材料、釉面砖、织物地毯、墙纸、墙布等。

（1）木质材料画法：木质材料的区别主要是色彩和纹理，色彩柔和，纹理自然，加工方便。在漆工工艺上，显示木质本色效果的透明漆分为亮光漆和亚光漆，前者反光较强，后者没有明显的反光效果（见图 4-4）。

（2）地毯画法：地毯是一种古老而又时尚的地面装饰材料，是具有使用价值和观赏价值的纺织品，在室内设计中应用广泛，花色比较丰富，有厚重和弹性之感，表现时可根据具体环境的风格气氛加以渲染，以丰富和活跃环境气氛。效果图中表现地毯多用轻松、流畅、概括的笔法，与墙面、家具硬质材料形成张弛对照。地毯图案的刻画不必过于具体，但图案的透视变化务必精确，否则会影响整幅画面的稳定（见图 4-5）。

图 4-4

图 4-5

二、立体材质的表现

材料表面肌理用手触摸有较强的立体感或粗糙感，如砖、毛石、麻板、机刨石等，此类材料为立体质地。

1. 砖墙画法

这是一种常见的墙面材料，反光较弱，色彩多为橘红色、蓝灰色、白色等（见图 4-6）。

图 4-6

2. 毛石画法

石料是一种经济而又美观的墙体材料，石料的特点是表面肌理较明显、反光度弱、有较强的体量感（见图 4-7）。

图 4-7

3. 石砌墙画法

石砌墙体类型很多，但基本上可分两大类：一类是比较规整的砌法叫块石墙，另一类是乱石墙。石砌墙画法一般可分为三步：先做统一墙面色调退晕，从明到暗；再描绘每个石块，留出高光，画出阴影，推敲颜色变化及虚实变化；最后画出部分石块的影子（见图 4-8）。

图 4-8

从质地状况来分有坚硬或柔软、粗糙或光滑的材料，材料的物理性能仅代表它的属性，也就是常说的内在质地特征。材料的粗糙或光滑程度以及纹理，才更能彰显其性格。为了创造良好的室内环境，通过各种材料的合理搭配，塑造具有个性的室内氛围和环境设计品位。在绘制效果图时，准确而生动地运用笔触，进行一定的归纳和演绎来表现各种材料的质地特征，使效果图画面的材质表现更逼真、更直观，在一定的程度上能加强手绘效果图的表现力和艺术感染力。

第二节 室内陈设表现

在室内设计中，家具的陈设决定着空间的功能，造型和色彩直接影响着空间格调，在室内环境布置中的占有面积较多，对空间氛围表现及视觉传达都有很大的影响，因此对空间效果的表达也起着至关重要的作用。室内陈设的描绘与空间界面及装饰材料的表现同样是效果图中重要的构成因素。

一、几何体画法

在学画室内陈设之前，先要进行一些几何体着色练习。室内家具形式多种多样，错综复杂，但其形式都可以归纳为圆或方等几何形体。几何体没有功能、尺度之分，简单但要求透视准确。

1. 凭借感觉画透视

可以用几根线条概括、快速地勾画出几何形体的轮廓，在画第一笔时要考虑后几笔的透视，画后几笔时一定要多参照前几笔，每笔尽量画准，线与线连接点可以交叉出头，不要相互空出，始终把握“近大远小”这一概念，这样画出几何体的透视，才能使人感觉舒服（见图 4-9）。

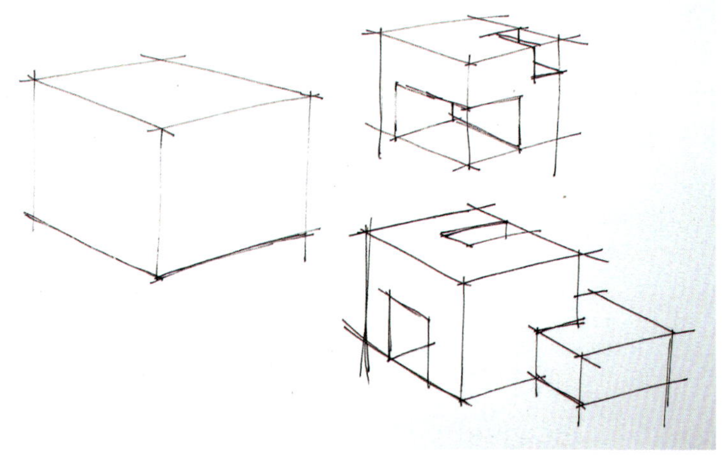

图 4-9

2. 画素描关系

素描调子能增加形体的立体感。在画素描时首先要考虑到光，可以假设形体的前上方有个光源。在上调子时一定分出三大面，也就是黑、白、灰面，朝上的面为白亮面，朝前的面为灰面，侧面为背光暗面，加强明暗交界线和投影。画圆球、圆柱等也要强调明暗交界线和投影，但要考虑调子的过渡。巧妙的用笔可以增加画面的可视性和艺术性，给人以概括、生动和流畅的感觉。在用笔上，要顺着形体结构的转折方向用笔，并要注意笔触的宽窄变化，强调虚实和过渡（见图 4-10）。

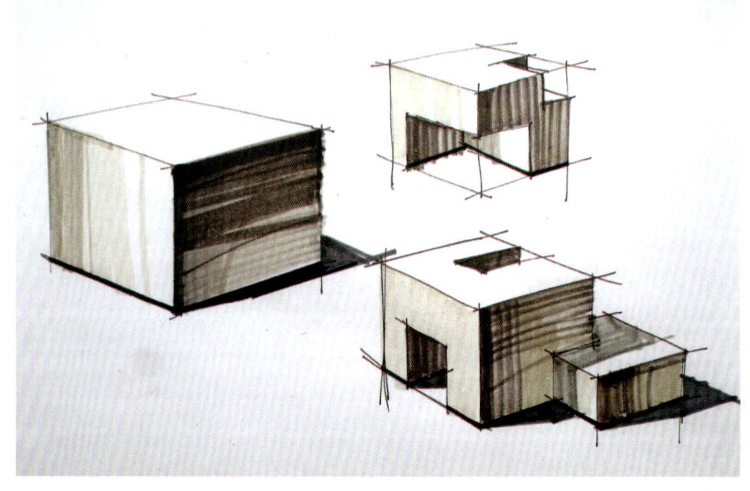

图 4-10

二、沙发画法

沙发的形态和种类繁多，有传统的、现代的，有布面、皮革、藤等材料。沙发是室内的重要家具之一。沙发的表现可以根据不同的质地运用不同的画法。布质沙发面质淳朴、雅致，在画出整体基调后饰以花纹，最后进行造型调整。皮制沙发面质紧密、有光泽，可根据造型的不同利用笔触的衔接加以塑造，颜色干后提出高光和缝隙。

1. 起稿

画沙发的透视要注意其尺度和比例，无论沙发的形态有多复杂，其尺度和比例是不变的。起稿先从大的几何形开始，逐渐切分画小形，画小形透视时用笔要参照大几何形的透视线，因此说“大形准了小形才能准”。勾线要流畅、生动，用线的顿挫和急缓来表现结构的虚实，可以从投影和物体的明暗交界线处往暗部排线条，加强体积关系和空间关系（见图 4-11）。

2. 着色

着色时要注意分三大面，根据其固有色选出暗部的颜色，从明暗交界线往暗部排笔触，不要涂满，要留有反光，再用较浅的颜色或彩铅上调子，这样既透气又有变化，加强了光感和体积关系。灰面略施颜色并要有笔触变化，朝上的亮面要空出，最后稍微有点着色即可（见图 4-12）。

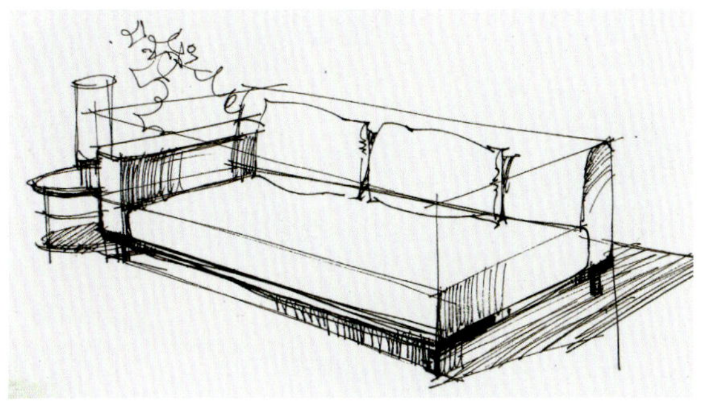

图 4-11

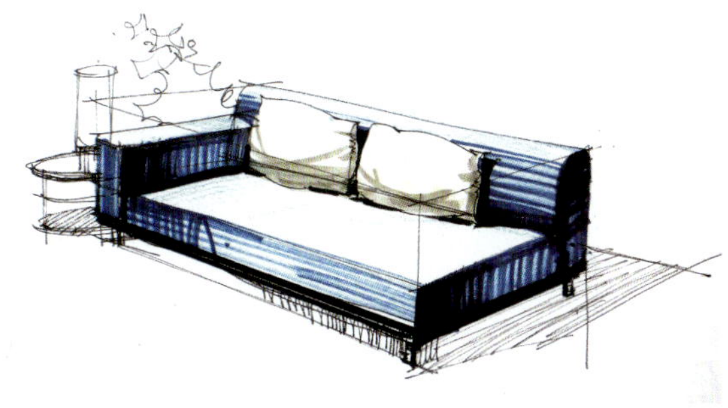

图 4-12

3. 画局部和投影

画靠背和扶手都要考虑与光的联系，分出大面并画出投影。物体和地面相间的投影，色彩一定要重，这样既能增加物体分量感又能起到衬托物体色彩的作用（见图 4-13）。

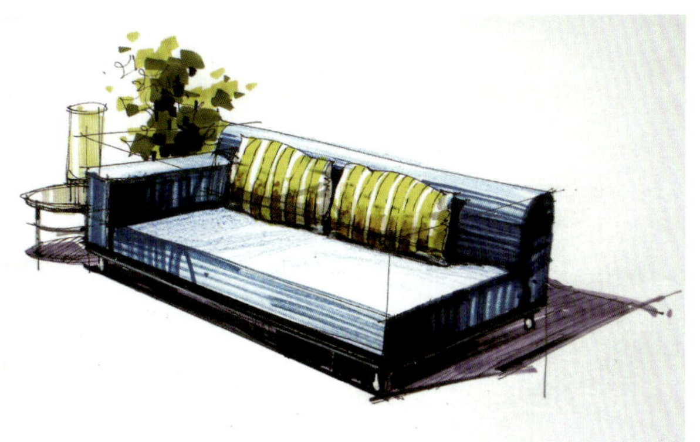

图 4-13

沙发的其他表现实例如图 4-14 至图 4-21 所示。

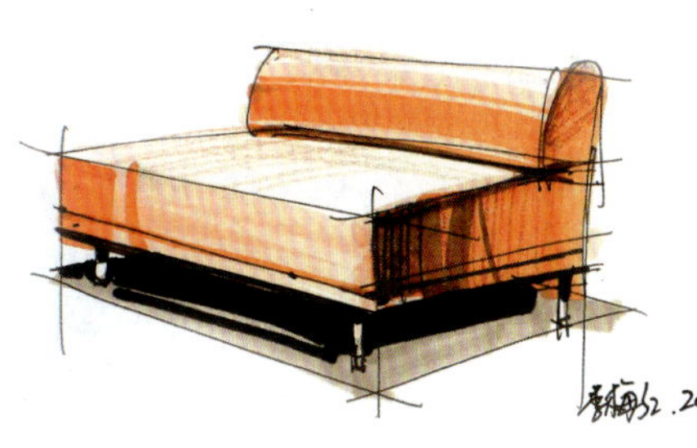

图 4-14

图 4-15

图 4-16

图 4-17

图 4-18　　图 4-19

图 4-20　　图 4-21

三、桌椅画法

桌椅也是室内效果图中最常表现的家具之一。其结构轻巧，造型优美，尺度合理，对补充画面效果起很好的作用。桌椅形式多样，所用材料也较复杂，表现时可根据不同的质地运用不同的笔法。这里要注意的是，桌椅下面的投影大小一般和桌椅长宽一致，投影色彩不宜过重并要略找笔触变化（见图 4–22 至图 4–30）。

图 4-22

图 4-23

图 4-24

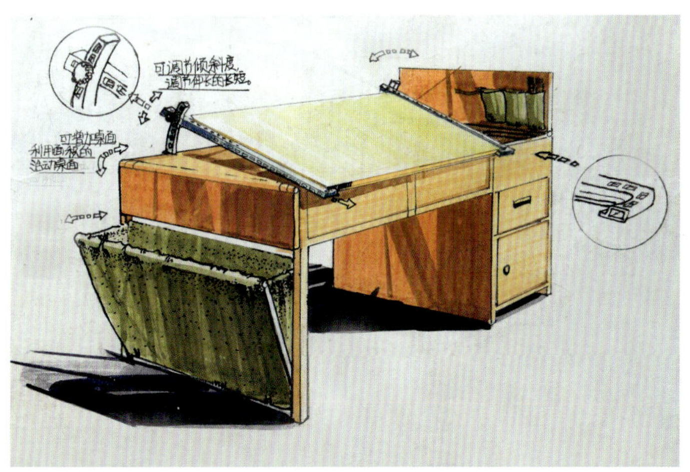

图 4-25

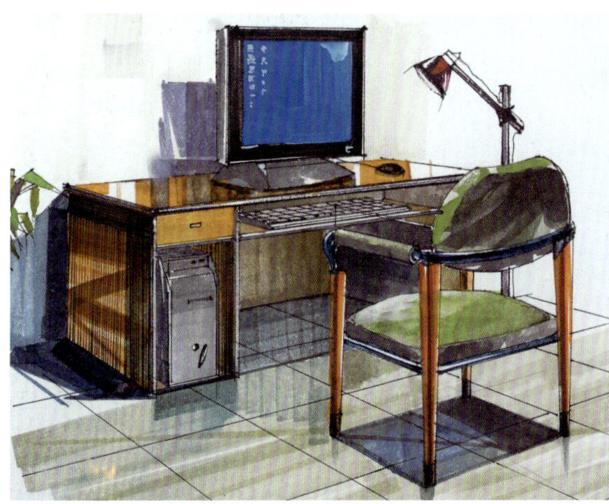

图 4-26

图 4-27

图 4-28

图 4-29

图 4-30

四、床体画法

在居室设计中，卧室空间和客厅空间同等重要，一天中人们在卧室里停留休息的时间最长，所以在卧室的设计中对其功能性和舒适性的要求是很高的，其中床体的设计与表现显得尤为重要。首先分析床的每一个角度给人带来的视觉感受，然后画出平面，再画出立面分析床的款式，从三视图中去理解，在床体的表现中应充分考虑到其结构、功能及造型的综合表现（见图4–31和图4–32）。

图 4-31

图 4-32

五、茶几和地面倒影画法

一般光滑的茶几台面和地面，在一定角度看上去会反射出远处物体的倒影。在倒影用色上一般选用比物体固有色略灰或略深、略浅。用笔上要注意以下四点：用笔方向必须上下垂直；笔触要有宽窄变化；笔触之间要有疏密变化；笔触要有深浅变化。

以地面倒影为例，画近处物体的倒影时用色上要考虑地面固有色和物体固有色。用笔上应先把笔端侧一下顺着物体接近地面的转角或边缘由上向下垂直用笔，而后把笔正过来，用宽笔触以笔触宽窄变化由上向下排列，此法给人以上实下虚过渡的感觉（见图4–33和图4–34）。

图 4-33

图 4-34

六、窗帘画法

在室内空间设计中，窗帘由于位置醒目，有时所占面积非常大，对居室的格调有着特别的影响，从造型、色彩、质地上充分反映了业主的喜好与时尚品位。下面主要介绍顶端有花饰的窗帘和下垂式窗帘的画法。

1. 顶端有花饰的窗帘

这种窗帘绘制的重点是表现布料褶皱的起伏变化。画时根据光照关系快速铺出底色，先用略暗的颜色画出窗帘的褶皱结构，再沿此笔触边缘把暗部加深，最后提出亮面加强布褶的立体感。等颜色稍干后，注意窗帘的布褶要有疏密变化。白色纱帘因其遮光少，同时还有朦胧的视觉艺术效果，给室内空间增添一种温馨、宁静、亲切的感觉。纱帘的表现手法是先画出窗外的景物，而后用薄灰色竖向画出几笔以示纱帘暗影，保持布的颜色不遮盖窗帘后的景物，然后用白色竖向画出不均匀的笔触，可留飞白，干后再用小笔触对花饰加以刻画，衬托出纱帘的造型（见图 4–35）。

图 4-35

2. 下垂式窗帘

下垂式窗帘是一种常见的窗帘，在窗帘盒内设导轨，有的把滑竿直接暴露在外面，帘幕自然下垂，褶皱从上到下变化不大，花饰较小，面料多为麻、丝织品。表现此种窗帘，也是按照明暗关系画出窗帘的基调色彩，再利用槽尺垂直画出窗帘褶皱，处理布褶要含蓄、自然，处理褶皱还应注意疏密变化，不可千篇一律，以防呆板（见图 4–36）。

图 4-36

七、灯具及光影的画法

在空间环境中，无论是大到公共场所还是小到某一家庭，灯具及光影都对人们的生活起着非常重要的作用。在室内效果图创作中也是通过对灯具和光影的描绘，使物体增强空间感和立体感，并营造出特有的氛围和意境。一般来说，灯具的表现有其造型结构及色彩质感即可，不需要刻画得太具体，重要的是突出亮度和质感，突出光影效果（见图 4–37 至图 4–39）。

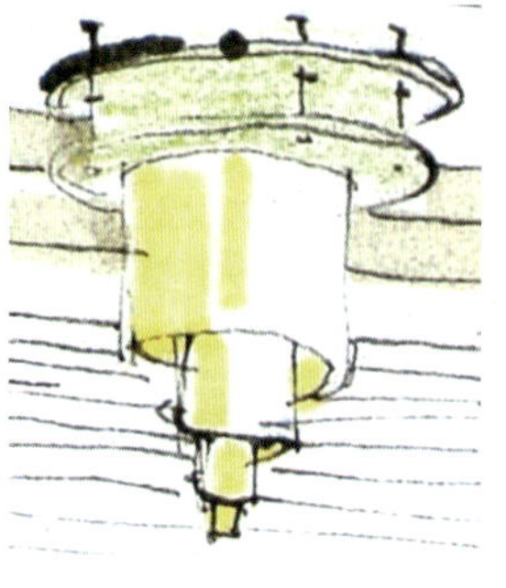

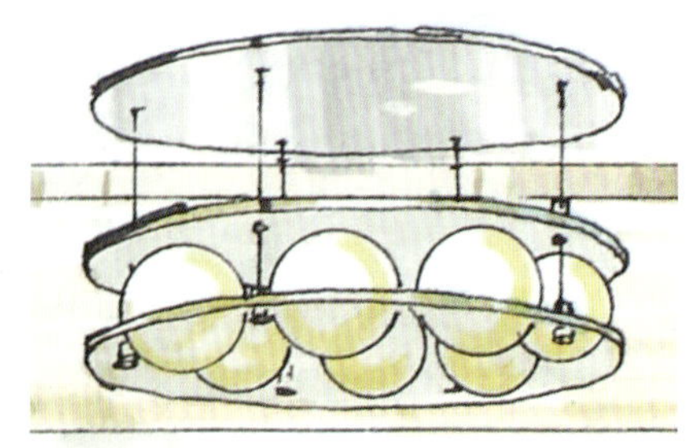

图 4-37

图 4-38

图 4-39

八、电器画法

电器主要指电视、音响、空调、电冰箱等设备。这些日常用品不仅是实用品，还具有一定观赏价值，因而在表现电器设备时重在体现造型的美观。表现方法可用铅笔起好轮廓后，先薄薄地涂一遍底色，再用重色调概括出电器的明暗面，适当刻画出细部，注意电器表面的环境色，最后用白色粉笔提出高光（见图 4-40 至图 4-42）。

图 4-40

图 4-41

图 4-42

九、艺术陈设品画法

艺术陈设品在室内设计中是不可缺少的，往往起着画龙点睛的作用，在不同程度上传递着文化艺术信息，同时也能够活跃空间气氛。陈设品手绘中线条运用比较讲究，有的飘逸，有的硬朗，有的坚挺，有的生涩等，所以在陈设品的质感表现上应做到下笔前胸有成竹，考虑周全，色彩运用由浅到深、由薄到厚。由于其材料多种多样，绘画方法也不尽相同（见图 4-43 至图 4-46）。

图 4-43

图 4-44

图 4-45

图 4-46

第三节　配景表现

植物与人物都是效果图配景的一部分，其主要作用是衬托主体物和营造氛围。尽管配景不是效果图表现的重点内容，但它们对辅助调整画面效果、增强效果图的表现力和亲和力有着不容忽视的作用。

一、植物配景及其表现

在室内设计和布局时，一定量的植物配置，使室内形成生机勃勃的绿色空间，是现代人们追求自然的表现。在室内空间环境中，绿化的布置根据不同的空间要求，采用不同的方式。效果图中的绿化主要是作为主体物的装饰与陪衬出现的，如家具的旁边、墙角、柱子的周围等。从构图方面来说可以对衬托主体、协调画面平衡等起到积极作用，如近景植物通常安排在画面四角或两边，可以缓解因画面中左右两部分表现内容体量的不同而产生的不均衡，形成视觉的观感协调和画面重量的平衡，使画面保持稳定，同时可以加大近景、中景、远景的空间层次。设计者以其多姿的形象与主体物构成静与动的对比，从而增添许多自然情趣，活跃画面气氛。

花草树木的种类繁多、形态各异，表现起来比较困难，需要进行一定的演绎变化，以融入画面。虽然是配景，但位置显著，如果最后阶段的几笔处理欠妥，往往会破坏整体的画面。表现绿化掌握几种程式化表现方法，对画面将十分有用。例如散尾葵，首先使用勾线笔用较长的曲线来表现其叶子的特征，线条疏密变化组织要合理，然后选择色彩合适的马克笔，根据散尾葵结构方向用笔流畅体现出层次感（见图 4–47）。下面再介绍几种常见的植物与花卉表现程序（见图 4–48 至图 4–50）。

图 4-47

图 4-48

图 4-49

图 4-50

二、人物配景及其表现

在室内效果图中，人物是比较重要的活体景观，除了作为一幅效果图的一个构图要素存在以外，还在一定程度上起到比例参照、烘托环境和加大空间视觉效果等作用。然而，人物毕竟是配景，过于细腻的写实描写，反而会使画面气氛变得僵硬，并且会喧宾夺主。一般来讲，人物大多以背影出现在大空间的室内效果图或建筑图中，表现时用笔要简洁、概括，还要符合人体比例关系，服饰及其姿态要符合场景的需要。此外，还要注意人物的透视与主题空间的透视相协调。

场面大的空间环境，人物组合应注意疏密关系，不要过于集中或分散。在不同功能的空间中，适合用不同动势的人物渲染气氛。在透视图中，为了美化画面效果，可以把人的比例进行适度的夸张，确定为头高的 8 倍；对于儿童的人体比例和老年人的人体比例要进行适当的变化。

色彩可根据室内效果图的风格适当选用，在不破坏室内空间气氛的情况下，选用与画面整体色调有适度变化且趣味性强的色彩，更能点缀出画面的气氛和意境，增加效果图的表现力和可观赏性（见图 4–51）。

图 4-51

思考与练习 SIKAO YU LIANXI

1．什么是质感？
2．就效果图而言，质感怎样分类？
3．常用的质感材料有哪几种？
4．绘制室内陈设效果图若干幅。
5．绘制室内配景效果图若干幅。

CHAPTER FIVE

第五章 室内设计手绘效果图基本表现技法

本章知识点

手绘效果图着色步骤与配色；马克笔与彩色铅笔绘制效果图的技法和规律；室内设计手绘效果图的艺术表现形式。

学习目标

了解室内设计手绘效果图的艺术表现形式，掌握室内设计手绘效果图的基本表现技法。

室内设计手绘效果图的形式多种多样，每一种表现形式都凝聚了人们的智慧和艺术创造灵感，都具有很高的审美价值和表现的独特性。本章将对一些常见的表现形式从特点、工具、材料和技法等方面加以介绍，以便在实践中根据需要选择恰当的表现方法。

第一节 室内设计手绘效果图的艺术表现形式

一、空间界面画法

空间界面画法是室内空间手绘效果图的一种方法。表现空间界面一般选择水彩透明色直接做底色，在纸上做退晕效果产生光感，用“远处暗近处亮”来表现空间距离。

在快速表现中，既要生动又不失过渡的效果，可以使用彩色铅笔排线，达到从重到浅的过渡效果；也可以用马克笔、薄水粉画法中的尼龙笔等沿着结构的方向排笔，靠笔触的宽窄变化来寻求过渡效果。在一点透视的表现图中顶棚和地面采用水平排笔方式，两侧墙面采用垂直排笔方式由远而近过渡。在二点透视的表现图中顶棚和地面一般沿着界面的透视方向排笔，两侧墙面一般采用垂直排笔方式，由远而近过渡变化（见图 5–1 和图 5–2）。

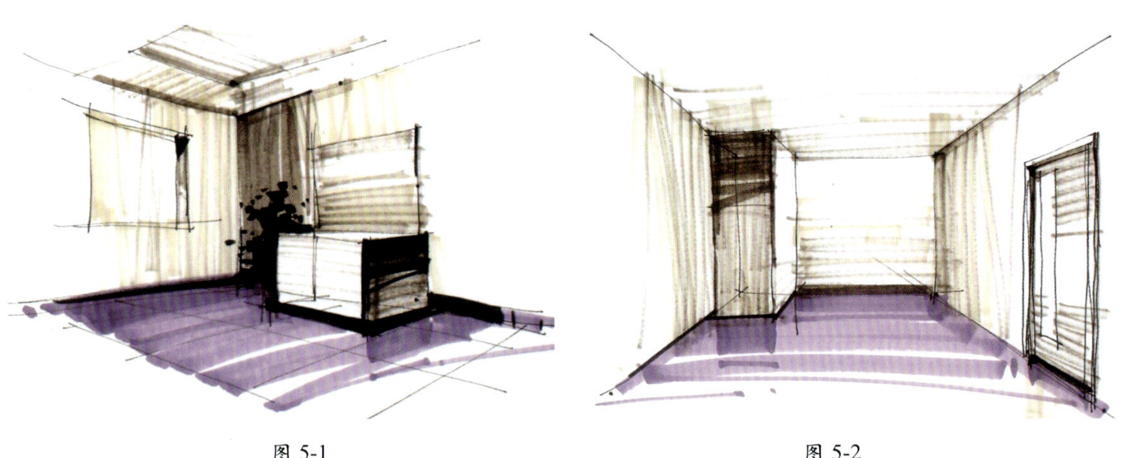

图 5-1　　图 5-2

为了取得更好的自然过渡效果，可采用喷笔退晕方式来处理空间界面，它们将使画面效果更加逼真。

上述空间界面的画法是较常用的方法，但不是一成不变的，可以灵活掌握，举一反三，可以与其他画法结合表现，从而使画面达到理想效果。

二、剪贴法

剪贴法是在效果图的空间要求上，用剪刀（或其他工具）将印刷品的图形（人物、植物、天空、山石等）或色块进行剪辑拼贴的方法。这种剪贴的方法一般是结合色彩渲染的方法使用的，对画面的空间和色彩的整体关系采用渲染的方法，对局部的图形再采取剪贴的方法，剪贴的图形在多数情况下是作为画面的配景出现的，以烘托某种气氛。这种拼贴方法在计算机制图中运用比较广泛，是室内设计和建筑效果图后期处理的一种常用手段。

运用剪贴法要求具备一定的艺术观察力，力求在平淡中发现有价值的、新颖的、含有艺术潜质的图片，并能预见其粘贴后是否和画面的色调、风格相协调。这种剪贴法不同于为房间选家具或搭配服饰，所选图片的明暗、光影、透视要和画面取得一致，否则画面会显得很不协调。当图形拼贴完成后，还要检查贴图比例、光线和画面是否相符，是否和画面协调统一（见图 5–3 和图 5–4）。

图 5-3

图 5-4

第二节 室内设计手绘效果图技法的表现形式

一、水彩画法

1. 水彩画法的特点

水彩，就是水和彩的结合，画以水为媒介调配胶质颜料。水和彩的运用技巧，是决定一幅水彩画艺术水平的重要因素，是较为古老的一种技法。它色泽透明、清新淡雅，以其滋润的水色、淋漓洒脱的笔法，追求轻薄而艳丽、朦胧而浑厚的画面效果。

以水彩画法做室内效果图，取其简朴轻快，追求水彩画所能发挥的韵味情趣。水彩画法要求透视底稿准确、完整，着色时一般由浅到深、由远及近、先整体后局部。用水彩画法表现室内效果图时不但要熟练其表现技法，还要尽量符合细致、精确的要求。水彩画覆盖力弱，着色时不能破坏彼此邻接物的形象，要预先留出高光和亮面，对室内效果图的内容和形式，可有所选择，并能适应水彩画从浅至深、逐渐加重的上色顺序（见图 5-5）。

图 5-5

2. 水彩渲染的三种技法

（1）平涂法。把画板略微倾斜，把事先调好的水色用大号笔沿水平方向运笔着色，趁湿衔接，同一颜色从头到尾深浅不变地渲染。一般用于表现受光均匀的平面，如较浅的墙面及大片天空的渲染（见图 5-6）。线描淡彩也多采用平涂法。

（2）退晕法。把画板倾斜，用水色在上部先以平涂的方式着色，平涂后在下方加水，使色彩在深浅上有均匀的变化。一般用于表现受光强度不均匀的面或曲面或面积较大的地方，如顶棚、地面、墙面的远近变化以及结构的光影变化。

（3）叠加法。把画板平放，事先将画面明暗光影分条，用同一浓淡的颜色平涂，画深的地方等干后再平涂，逐层叠加使色彩渐浓，达到要求的彩度。此法给人同一种色彩在不同层面的感觉，变化丰富、层次分明，表现细致、工整的曲面，如圆柱、弧形墙体。但层次过多，会使颜色灰暗。如果笔上水分多或涂抹次数多，会带起底色或留下一些不美观的痕迹（见图 5-7）。

图 5-6

图 5-7

二、水粉画法

1. 水粉画法的特点

水粉画法和水彩画法一样都是老画法，水粉表现力强，其色彩华丽、饱和、浑厚。水粉画与水彩画都以水为媒介调和作画。水粉画颜料虽然也用水调和，但与水彩颜料完全不同。水粉画颜料是一种不透明的颜料，其遮盖力较强，且易修改，主要用色的干、湿、厚、薄来丰富画面效果，可以对很细致的局部进行刻画，使塑造形体具有分量感，从而给人逼真的物象感受，在表现上既有油画的厚重，又有水彩的流畅，适合多种空间的表现，可以绘制幅面较大的效果图。水粉色是用白色来调整颜色的深浅变化，颜色在由湿到干的过程中会有一些明度变化，如若处理不好，容易使画面显得“脏”“粉”等，从而影响整个画面的质量（见图 5-8）。

水粉画法一般着色时，本着先远后近、先湿后干、先薄后厚、先整体后局部的顺序渐次深入。

图 5-8

2. 水粉画法的基本技巧

（1）干画法（厚画法）。颜料多，水少，效果近似油画。水粉画表现对象具体实在，笔触强烈、明快，体积感和塑造感很强，刻画物象具体生动，有较强的表现力。一般用铅笔起透视稿，不需画得很细，可直接着色；强调光影效果，巧妙使用明暗相互衬托的画法体现结构，加强物体结构的边线、背景及和其他物体的虚实对比，以增强画面的艺术效果，产生和谐的艺术感染力。这种表现技法一般是先湿画后干画，先暗部后亮部，先用湿画法处理暗部及背景等，然后把近景和亮面的地方厚画，用以虚衬实、以弱衬强的手法加大空间的表现力（见图 5-9 和图 5-10）。

图 5-9

图 5-10

（2）湿画法（薄画法）。湿画法相对于干画法用颜料少，用水多，画法和效果与水彩相似，画面滋润柔和，形体与色彩可以结合得较含蓄自然，处理得当会产生一种生动而含蓄的画面效果。湿画法用铅笔直接起透视稿，也可以用钢笔勾线，要求透视线稿结构清晰、准确，不需要拷贝，画大幅作品时还需要将正稿裱贴在画板上。着色时色彩较薄，透视线稿仍然显露，便于细部表现。画时涂抹遍数不宜过多，以免造成色彩“脏”“灰”等不良后果。湿画法对暗部的处理最好一次完成，可以用水粉笔或尼龙笔的正、侧笔锋加强笔触的变化。湿画法在表现亮面时，也可像水彩画法空出纸的白色，近处也可大量留白。在水粉表现技法中薄画法可以提倡，此法表现迅速，笔触感强。薄画法是以水的多少来调整明度变化，尽量不加白色或黑色来调整其明度变化，否则难以控制，易出现“粉”“灰”等弊端，最后用白色粉笔来提局部亮面和高光。画深色时最好不直接用黑色，而是用普蓝、深红相加调和成深色。在快速表现时，可直接用黑色马克笔来加强最深处（见图 5-11 至图 5-13）。

图 5-11

图 5-12

图 5-13

三、彩色铅笔画法

彩色铅笔画法在效果图中是一种接触最早、使用最普遍、最常用的表现方法。其色彩淡雅、对比柔和、使用方便，与普通铅笔相比具有附着力强、不易擦脏、图像便于保存等优点。但彩色铅笔画法也有不足之处，如铅芯无软硬之别、质地脆软、缺少深色，与水彩和水粉色相比，除少数明度较高的色彩外，一般都达不到饱和的程度。另外，其色彩的变化远不如水彩和水粉丰富，也不适宜大画幅表现。彩色铅笔与透明水彩、马克笔结合能产生更生动的绘画效果。

彩色铅笔在铅芯上可分为普通彩色铅笔和水溶性彩色铅笔。它们的铅芯质地是不同的，前者比较接近于蜡笔，一般偏硬，如果加深画面色调，就需要把铅芯削得尖一些；后者铅芯质地较软，可把削下的铅粉和水溶解后进行渲染着色。徒手排线既生动、活泼，又可以表现复杂而柔软的物体（见图 5-14 至图 5-16）。

图 5-14

图 5-15

图 5-16

四、钢笔画法

钢笔是比较方便且极具表现力的绘画工具。钢笔画是以画线为主来表现对象的一种艺术形式。钢笔画出的直线生动流畅、刚柔相济、轮廓分明、单纯雅致。单线可以利用线条的粗细和抑、扬、顿、挫来生动地表现物体，但钢笔表现也有它的局限性，这是由于钢笔是通过极细密的线条所组成的明暗来表现对象，用它表现大幅效果图有一定的困难。另外，它和彩色铅笔不一样，不能表现色彩，所以在实际绘图中应与彩色铅笔、马克笔结合起来使用（见图 5-17 和图 5-18）。

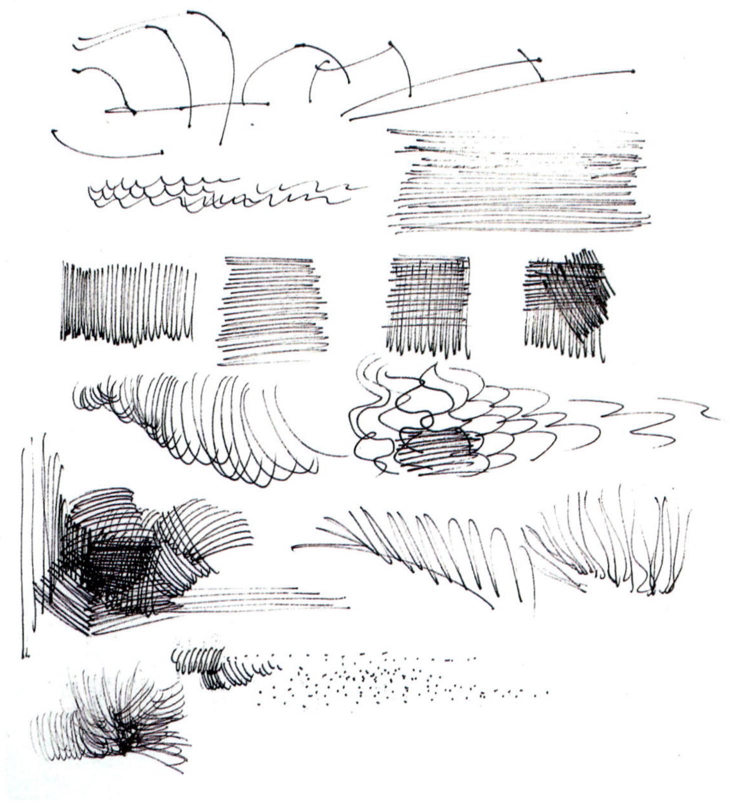

图 5-17

图 5-18

五、钢笔淡彩画法

钢笔淡彩画法是以线造型、淡彩罩色的一种技法。其特点是表现速度快，概括能力强，色调明快、亮丽，具有形、色兼备等特色。

钢笔淡彩是先用铅笔画出准确的透视图，再用拷贝纸将透视图拷贝到水彩纸或其他吸水性较好的纸上，最后用钢笔结合直尺描出线条，这样做的目的是保持画面整洁。颜色的选择以高质量的水彩颜料为宜，确保上色时不会渗洇，否则，表现效果往往适得其反。

图 5-19

在钢笔线完全干后，先用极淡色彩铺出画面基调，稍干后用罩色法层层罩染。根据画面需要，笔触可放可收，呈现笔触技巧，尽可能发挥水彩的晶莹剔透之感（见图 5-19 和图 5-20）。

图 5-20

六、马克笔画法

马克笔是快速表现效果图中最常用的工具之一，它有着色简便、笔触生动、色彩丰富、表现力强等特点，能大大提高工作效率。马克笔有油性和水性之分，色彩丰富齐全，笔触浓郁，多数为透明色。水性马克笔修改时可用水适当清洗，油性马克笔可用甲苯洗淡。

马克笔笔头分扁头和圆头两种。扁头马克笔正面和侧面宽窄不一，用笔时可发挥其笔触变化的特点，构成自己的风格。马克笔上色是通过笔触排列、叠加而产生丰富的变化，由于上色后不易修改，故一般应先浅后深，浅色系列透明度高，宜与黑色的钢笔画或其他线描图配合上色。作为快速表现也无须用色将画面填满，有重点地进行局部上色，适当留白，画面会显得更为明快、生动。马克笔运笔的快慢会产生不同的笔触感和虚实变化；着色时要考虑画纸的质地和大小；上色中还应注意暖色与暖色系列叠加，冷色与冷色系列叠加，冷暖色彩相加易脏，需慎用。

马克笔用纸十分讲究，不同的纸有不同的效果。吸水性较强的纸，马克笔墨水易浸透到纸纤维中，使色彩变灰，明度变低。不吸水的纸，马克笔墨水易浮在纸上，容易抹掉且画面不易保存。现市场上有专供马克笔作画的纸，背面含防渗层。此外，硫酸纸也是马克笔上色的理想用纸，结合钢笔、针管笔线描的方法，会产生类似水彩的透明效果。

马克笔的色泽不会变，通过个人积累的经验对所表现的色彩要有可预知性，在练习中一些常用的色彩，如木制家具、植物等的色彩，可选择相应的马克笔备用。

马克笔画法对于效果图初期的草图、速写画等是一种很好的着色手段。马克笔色彩明快、笔触富有趣味性，普遍受到广大设计者的爱好，可以选择十几支常用色马克笔，结合彩色铅笔着色，寻求柔和、丰富的色调效果。画大幅效果图时也可以用尼龙笔和水粉笔表现，这种笔是一种代替马克笔的较为理想的工具（见图 5-21 至图 5-23）。

图 5-21

图 5-22

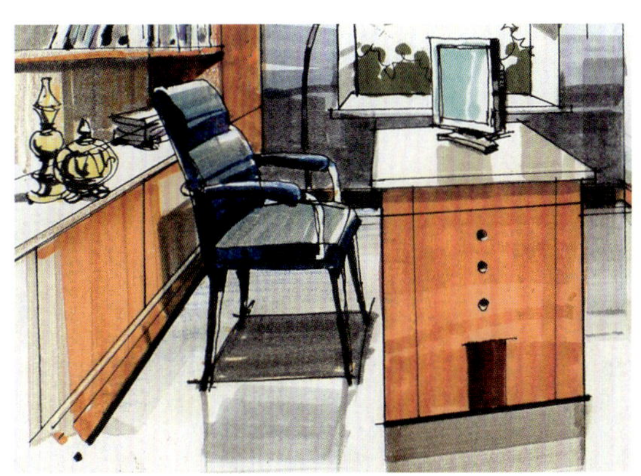

图 5-23

七、徒手画法

徒手画法是直接利用钢笔勾线，不借助任何尺子等绘图仪器，画出表现图方案（见图 5-24 至图 5-28）。其方法类似速写，线条不讲究工整，但一定要流畅、挺拔有力、顿挫有节，切忌纤弱无力。这就要求作画者有一定的线描功力，平时要注意腕力练习，多动手，才不至于作画时力不从心。

图 5-24

图 5-25

图 5-26

图 5-27

图 5-28

八、喷绘画法

喷绘画法是利用气泵压力产生的气流通过喷笔将颜色喷到画面上的表现手法。喷出的颜色呈圆雾状，可结合遮挡膜阻隔材料进行作画。喷绘画法的特点是色彩细腻、明暗过渡柔和自然、变化微妙，其真实性的表现力是其他手绘表现技法无法相比的。

喷笔口径规格一般 0.2 毫米或 0.3 毫米比较适宜，这样喷出的颜色比较均匀细腻，可以喷较小的局部，可以调节喷笔的针锥来控制颜料的喷量。

喷绘画法一般要选用质量好的锡管装颜料。因在喷绘时会产生大量的雾状颗粒，扩散在空气中，颜料会损失一部分，所以要多调一些。稀释颜色的水分要适当，如果用水太多，画面干后容易产生水渍，颜色调得太稠又易产生堵笔现象，故进行正式喷绘前应多调试几次。喷笔要经常清洗，避免堵塞，喷绘完成后，要一次性清洗干净，晾干存放。

喷绘画法应备有遮挡膜或硬卡纸片，遮挡膜多为进口，厚度适宜且透明，使用时，利用剪刀裁成各种合适的形状，一般有方形、曲线形、圆形等。厚些的卡纸片也可以作为遮挡物，但使用时须准备些重物压住纸片，以免喷出的气流把纸片吹走使图形产生位移。

喷绘画法要和手绘结合，单纯的喷绘图往往呈现出朦胧的画面效果，画面很虚，没有实的对比，且没有细节变化。因此，在喷笔喷出的大框架基础之上，大量家具陈设的细节和绿色植物等还需要手绘来完成（见图 5-29 和图 5-30）。

图 5-29

图 5-30

九、综合表现画法

综合表现画法建立在对各种技法的深入了解和熟练掌握基础上，根据画面内容和效果，以及个人喜好和熟练程度，来决定各种技法的结合与表现。例如，彩色铅笔和马克笔表现，马克笔与钢笔淡彩表现，钢笔淡彩与彩色铅笔表现，彩色铅笔、马克笔与薄水粉表现，喷绘与针管笔表现等（见图 5-31 至图 5-33）。

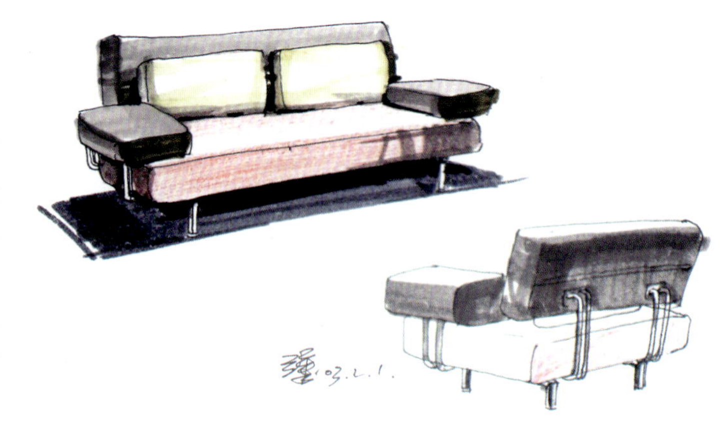

图 5-31

图 5-32

图 5-33

思考与练习

1. 室内设计手绘效果图的艺术表现形式有哪几种？
2. 室内设计手绘效果图技法的表现形式有哪些？
3. 运用室内设计效果图的不同表现技法绘制若干幅效果图。

CHAPTER SIX

第六章 室内空间表现实例

本章知识点

手绘效果图在室内空间设计中的具体运用。

学习目标

掌握钢笔水彩、马克笔、水粉等表现技法与作画步骤。

第一节　钢笔水彩表现实例

一、案例一

1. 设计方案及设计效果

此设计方案为家居空间客厅设计，整体为高冷调，错层顶棚和墙面为白色乳胶漆，影视墙主要部位用铝塑板打孔装饰，点缀中式传统纹样木雕。沙发后背景墙面主要部位为蓝灰色壁纸外饰。木制、玻璃隔断，地面为高档灰白色瓷砖，局部铺设灰紫色地毯，突出空间的领域感，配以现代音响、传统藤制沙发和布面沙发及木制茶几，使空间不仅具有明快、高雅、简洁的现代感，还蕴含着传统文化的气息。

2. 作画材料与工具

作画材料与工具主要有绘图纸、水彩颜料、中性笔或针管笔、尼龙笔、钢笔、界尺、HB 铅笔、水桶、调色盘、一块吸水棉布。

3. 作画步骤

（1）首先用 HB 铅笔根据室内设计方案制图绘出透视底稿，也可以先用一张纸起稿，再把它拷贝到裱在画板的正稿上，并用钢笔勾线（见图 6-1）。

图 6-1

（2）用蓝灰色铺出影视墙主要部位——铝塑板及背景墙的壁纸的色彩。用淡淡的赭石色画出室内所有木制家具的色彩，并分出明暗面，同时强调明暗交界线向暗部过渡的笔触变化。以近似水平的笔触由远及近铺出地面远处的浅灰色。用蓝紫色画出地毯（见图 6-2）。

图 6-2

（3）首先，用深灰和浅灰色画出音响的明暗面，并用浅灰色画出沙发的暗部和灰面。其次，用浅黄色画出沙发靠背和木隔断的局部以及远处厨房家具的颜色并分出明暗面。最后，画出墙面及凹入截面的暗部色彩（见图6–3）。

（4）用深色画出电视柜、沙发及远处餐桌餐椅的投影，并强调远近虚实变化，以加强家具的分量感及稳定感（见图6–4）。

图 6-3

图 6-4

（5）首先画出电视屏幕及玻璃隔断的颜色。然后画出沙发靠垫的光影变化及装饰纹理；加强沙发靠背、扶手的深蓝色，以衬托出沙发靠垫和坐垫；加强茶几的暗部以衬托出沙发的亮面，以略深的颜色画出客厅与餐厅木装饰的光影，以突出其体积感，以淡淡的灰色画出墙面装饰的投影及顶棚的凹入截面。最后进行隔断细节的刻画（见图6–5）。

（6）在上一步骤的基础上，对画面表现的空间层次，灯具及装饰品、家具材质和光影变化做深入细致的刻画。所有这些深入的表现，都要服从于整体空间的层次关系。在小块色彩的选择和色度的把握上，既要富有变化，又要有所联系（见图 6–6）。

（7）以概括生动的笔法画植物配景。植物、装饰品等都应和室内空间融为一体，因为它们都是为了衬托主体，拉开空间层次。配景的造型和色彩要简洁、概括。最后调整画面，点出装饰品及玻璃上的高光（见图 6–7）。

图 6-5

图 6-6

图 6-7

二、案例二

1. 设计方案及设计效果

此设计方案为家居空间卧室设计，整体为高暖调，错层顶棚和墙面为白色乳胶漆，床头墙面主要部位凹凸造型内藏灯，局部点缀传统纹样木雕装饰。地面为暖色实木地板，家具为暖色木板外饰。局部铺设浅灰色地毯，突出空间的领域感，增加舒适度。配以形式不同的观叶植物，使空间不仅具有明快、高雅、简洁的现代感，还蕴含着传统文化的气息。在整体空间造型和材料的应用上，与客厅有所联系，使整套居住空间方案在风格上协调一致。

2. 作画材料与工具

作画材料与工具主要有绘图纸、水彩颜料、中性笔或针管笔、钢笔、尼龙笔、界尺、HB 铅笔、水桶、调色盘、吸水棉布。

3. 作画步骤

（1）首先用 HB 铅笔根据室内设计方案制图绘出透视底稿，也可以先用一张纸起稿，再把它拷贝到裱在画板的正稿上，并用钢笔勾线（见图 6–8）。

图 6-8

（2）用浅灰色画出床头、靠垫及床垫的明暗关系，并将墙面的局部略施颜色，注意笔触过渡的变化（见图 6-9）。

（3）用淡淡的赭石色画出所有木制家具的灰面和暗部的颜色，朝上的亮面线不着色，并将石制花盆略施暖灰色（见图 6-10）。

图 6-9

图 6-10

（4）用木制较深的颜色强调家具的明暗交界线，并画出所有家具的投影。用生动概括的笔触将镜子的颜色画出，再画出石制花盆的暗部（见图 6–11）。

（5）用较深的颜色强调家具的投影，注意其虚实变化。用淡淡的赭石色由远及近铺出房间木制地板的颜色，注意不要铺满，近处要适当留白。调出木制地板较深的颜色，画出家具的倒影，并注意虚实变化，最后用淡淡的土黄色画出窗帘（见图 6–12）。

图 6-11

图 6-12

（6）进行墙面木雕饰品及吊顶凹凸造型的细部刻画。将窗帘的投影和床头墙面造型的投影分别画出，然后用偏红的颜色画出窗台上的靠垫及床头。用蓝灰色画出靠椅，并分出明暗关系，同时画出其在地板上的投影。最后用淡淡的中黄色简单画出灯具（见图 6-13）。

（7）以概括生动的笔法画植物配景，要注意植物、装饰品等都应和室内空间融为一个整体，因为它们都是为了衬托主体，拉开空间层次。因此，配景的造型和色彩要简洁、概括。最后调整画面，点出装饰品及镜子上的高光（见图 6-14）。

图 6-13

图 6-14

第二节 马克笔表现实例

一、设计方案及设计效果

效果图为客厅局部设计方案，铺设暖灰色地毯，搭配淡黄色布艺窗帘、布艺靠垫，墙面上的传统镂空木雕装饰与简洁的暖色木制家具结合，色调协调统一。在陈设上配以藤制书报篮、现代灯具、天然毛石，还有大型观叶植物。

二、作画材料与工具

作画材料与工具主要有绘图纸、马克笔、彩色铅笔、钢笔或中性笔。

三、作画步骤

1. 起稿阶段

用钢笔徒手凭感觉画出透视线稿（见图 6–15）。

2. 铺色阶段

用浅灰色马克笔淡淡地画出窗帘暗部及所有物体的投影，选出靠垫固有色的马克笔快速画出靠垫体积关系和纹理（见图 6–16）。

图 6-15

图 6-16

3. 界面着色阶段

首先，画出木制家具的固有色，并用较深的马克笔强调明暗交界线及过渡变化。其次，用中灰色的马克笔再次强调各物体的投影。最后，用中黄色铅笔淡淡地擦出窗帘的固有色（见图 6–17）。

4. 刻画阶段

进入细节刻画，画出植物配景及墙上的装饰木雕、鹅卵石、小雕塑和书筐的细节，再用垂直的方法概括地画出家具亮面上的物体倒影。

图 6-17

5. 调整画面效果

最后画面调整，用浅灰色代表性地添加几笔地面颜色，使画面更为完整（见图 6–18）。

图 6-18

第三节　马克笔快速表现实例

一、设计方案及设计效果

此设计方案为经理办公空间设计，整体为暖调，顶棚和墙面均为白色乳胶漆，墙面主要部位为暖色木质材料造型。地面满铺瓷砖，办公家具为暖色木板外饰。在房间的角落摆设形式不同的观叶植物，增加空间的自然、高雅、简洁的现代感，并蕴含着文化气息。在整体空间造型和材料的应用上，要与其他办公空间有所联系和呼应。

二、作画材料与工具

作画材料与工具主要有绘图纸、马克笔、彩色铅笔、钢笔或中性笔、白色粉笔、勾线笔。

三、作画步骤

1．起稿阶段

用钢笔徒手凭感觉快速地画出透视线稿（见图 6–19）。

图 6-19

2. 铺色阶段

选出木制颜色快速画出所有木制家具及装饰板材的固有色，并强调光影的虚实变化（见图 6-20）。

图 6-20

3. 界面着色阶段

画出家具及门的暗部，用浅灰色和浅黄色马克笔强调墙面上的筒灯，并用浅灰色画出地面上物体的倒影和顶棚的色彩。用木制色彩和中灰色马克笔画出家具亮面上的物体倒影（见图 6-21）。

图 6-21

4. 刻画阶段

选用灰色的马克笔快速地画出所有绿色植物配景的固有色，用快速而简练的笔法画出天花板的色彩（见图 6-22）。

5. 调整画面效果

对所有的陈设品进行细节刻画，用较深的颜色画出植物的暗部，并强调家具的暗部与其结构线，用蓝灰色概括地画出沙发靠背，并分出明暗面。最后再用彩色铅笔调整画面层次关系并用白色粉笔点出家具转角处的高光，使画面效果协调统一（见图 6-23）。

图 6-22

图 6-23

第四节　水粉薄画法表现实例

一、作画材料与工具

作画材料与工具主要有绘图纸、水粉颜料、尼龙笔、界尺、HB 铅笔、白色粉笔、水桶、调色盘、吸水棉布。

二、作画步骤

1．起稿阶段

在室内方案构思的基础上，选择最佳角度，用 HB 铅笔画出透视底稿。注意所有的透视线不需要都画到纸边上，要留有空白（见图 6–24）。

图 6-24

2. 铺色阶段

在透视稿画好以后，铺色时要概括、生动、一气呵成，这样可保证画面干净、利落。概括地画出房间内所有的木制材料及纺织品的固有色及暗部变化。在作画过程中应注意以下方面。

（1）在灯光上，一般可以选择房间顶部一个主要的光源，也可适当有其他局部照明等受光形式。一般认为朝向房间中心的面为灰面，朝上的面为亮面，其他作为暗面并考虑投影和反光，这在绘制过程中始终保持一致。

（2）色调是指画面各色具有同一调子的倾向（包括明度、色相和纯度）。色调决定着画面的感情倾向。根据设计意境要求反复推敲色调是十分重要的。

（3）在空间形体的处理上，确定光源及物体受光面之后，下一步就应根据基本绘画的造型规律，对画面的主要空间层次和形状结构做素描和色彩关系的推敲。特别要注意陈设品与背景的衬托关系。有时由于忽略了这种互衬关系，使得空间层次受到破坏，家具体量感也因此削弱，画面色彩效果轻浮、松散（见图 6-25）。

3. 界面着色阶段

概括地画出墙与顶各界面的明暗变化，注意笔触的宽窄、深浅及方向的表现技法。首先是黑、白、灰关系的处理，具体表现在顶棚、地面、墙面三个界面关系的相互衬托上，一般是远处深近处浅，进而加大空间距离（见图 6-26）。

图 6-25

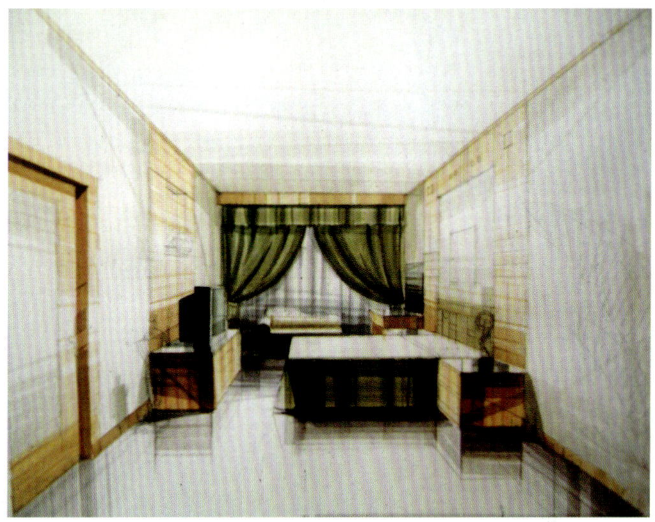

图 6-26

4. 刻画阶段

先用尼龙笔加强物体各界面的明暗交界线，并有意表现出笔触，既使画面生动，又能体现物体的素描关系和肌理效果，将重点转移到技法运用和深入表现上来。

家具体积感的表现主要强调黑、白、灰三方面关系，还有明暗交界线、投影、高光和反光。同时，还要处理好近、中、远三个层次的明暗关系和色彩的空间关系。

刻画阶段要注意以下几点。

（1）先画物体较大的面，再画中、小面，勾重线，提亮线，点高光。

（2）大号笔画大面，小号笔画小面，勾线笔勾线和点高光。

（3）先画灰面，再画暗部和投影，强调明暗交界线的笔触，加强投影的变化，最后画亮面，亮面着色要清淡，略微有点固有色即可。

（4）木制品家具，最好垂直用笔，以体现家具纹理。

（5）用勾线笔勾线时，结合界尺画出的线条精神、有力，但要注意起笔和收笔的顿挫变化。

（6）画物体和地面之间的缝隙，颜色一定要深，以体现物体的分量。

（7）用白色线来表现凸出部位的转折棱角。

（8）为了体现光晕效果也可以用白色粉笔在强烈的高光处擦揉上一点色，也可借用界尺画出十字眩光效果，起笔和收笔很重要（见图 6-27）。

图 6-27

5. 调整画面效果

完成主题内容的表现后，再细致地画出各种陈设品及绿色植物（见图 6-28）。这些景物对创造理想的环境气氛十分重要，也是活跃画面气氛、调整画面均衡的一种手段。构图既要求有起伏变化，也要求均衡稳定。色块的组合还应考虑彼此呼应和联系。由于每张效果图表达的景物及气氛不一样，在制作时不可按一个程式来操作，因此要根据画面需要，灵活地运用水粉技巧。

图 6-28

第五节　水粉喷绘表现实例

一、作画材料与工具

作画材料与工具主要有绘图纸、水粉颜料、喷泵、喷笔、遮挡膜或卡纸、尼龙笔、勾线笔、界尺、HB 铅笔、水桶、调色盘、调色杯、吸水棉布。

二、喷笔画法的步骤

1. 起稿阶段

用 HB 铅笔画出透视稿（有必要时可用拷贝的办法，将画稿轮廓拓印到正稿上），注意尽量避免用橡皮擦，否则纸面容易起毛，会造成不良后果（见图 6–29）。

2. 铺色阶段

用遮挡膜（或者卡纸裁剪出的规整的形状）挡住不喷的部分，即沿所需喷涂部分的边缘，用铅笔描出其轮廓在遮挡膜上，再用工具刀将需喷绘部分的图形刻出，留下需要遮挡的部位。通常情况下，用喷笔喷出画面的整体色调关系，先喷大面积的部位，由浅至深，留出局部以待深入，注意暗部受光面的素描关系（见图 6–30）。

图 6-29

图 6-30

3. 界面着色阶段

先喷出房间界面及光影的色彩变化，再喷出柱头、柱座、沙发及室外天空的色彩（见图 6–31）。注意喷好大面积的色彩过渡和变化，不要顾及太多细节。喷绘石材柱子的倒影，色彩对比上力求单纯，在喷绘过程中注意相互衬托的方法，统一中寻找变化。

4. 刻画阶段

刻画物体的局部，使空间具有生动、真实的广阔感。先画柱身和花台的装饰及服务台、二层外围的凹凸装饰造型，再画楼梯扶手、大堂办公桌与二楼扶栏及内厅门两侧的雕塑装饰，并把窗外的远景喷绘出来，喷出顶棚的反光灯槽及柱顶的亮部，最后对沙发和茶几进行细致喷绘。此画面的光线为自然光与室内光结合，这种表现形式较复杂，所以在表现方面要慎重，在对一些细部的处理上，可用水粉表现技法进行细致刻画（见图 6–32）。

图 6-31

图 6-32

5. 调整画面效果

配景表现多采用手绘完成，添加画面中的人物和室内的绿色点缀，但要注意添加人物时要安排合理，与整体光线协调统一，无论室内、室外都要人景融为一体。用亮色点出顶棚筒灯及室内灯光，在不破坏整体的情况下，对地面的倒影及石材拼花做进一步处理，最后形成一个比较完整、舒适的公共空间（见图 6-33）。

图 6-33

总之，喷绘画法具有一定的特殊性，和其他工具一样，也有一个熟能生巧的过程。喷绘者不但要有一定的美术基础，而且喷绘前的准备工作也是不可或缺的，要熟练掌握喷雾大小控制技巧、喷绘距离、遮挡技术和手绘表达能力。初学者只有经过不断练习，才能掌握喷笔画技巧。

思考与练习

1. 分析与比较每种表现方法的优点与缺点。
2. 尝试用不同表现方法来绘制室内效果图。
3. 选择自己所喜欢的表现方法绘制室内效果图若干幅。

CHAPTER SEVEN

第七章 作品欣赏

本章知识点

不同空间手绘效果图欣赏。

图 7-1

名称：过廊设计
作者：李梅红
使用工具：中性笔、马克笔、彩铅、A3 复印纸

图 7-2

名称：过廊设计
作者：李梅红
使用工具：中性笔、马克笔、彩铅、A3 复印纸

图 7-3

名称：宾馆大堂设计
作者：姜立善
使用工具：中性笔、马克笔、彩铅、A3 复印纸

图 7-4

名称：宾馆大堂设计
作者：姜立善
使用工具：中性笔、马克笔、彩铅、A3 复印纸

图 7-5

名称：客厅设计
作者：李梅红
使用工具：中性笔、马克笔、彩铅、A3 复印纸

图 7-6

名称：宾馆大堂设计
作者：姜立善
使用工具：中性笔、尼龙笔、水彩色、彩铅、A3 复印纸

图 7-7

名称：宾馆大堂设计
作者：姜立善
使用工具：中性笔、尼龙笔、水彩色、彩铅、A3 复印纸

图 7-8

名称：宾馆大堂设计
作者：李梅红
使用工具：中性笔、马克笔、尼龙笔、水彩色、彩铅、A3 复印纸

图 7-9

名称：营业厅设计
作者：李梅红
使用工具：中性笔、彩铅、马克笔、A3 复印纸

图 7-10

名称：银行营业厅设计
作者：李梅红
使用工具：中性笔、尼龙笔、水彩色、马克笔、A3 复印纸

图 7-11

名称：客厅设计
作者：姜立善
使用工具：中性笔、马克笔、彩铅、A3 复印纸

图 7-12

名称：客厅设计
作者：姜立善
使用工具：中性笔、马克笔、彩铅、A3 复印纸

图 7-13

名称：餐厅设计
作者：姜立善
使用工具：中性笔、马克笔、彩铅、A3 复印纸

图 7-14

名称：演播大厅设计
作者：李梅红
使用工具：中性笔、马克笔、彩铅、A3 复印纸

图 7-15

名称：会议室设计
作者：李梅红
使用工具：中性笔、马克笔、彩铅、A3 复印纸

拓展作品欣赏 1

拓展作品欣赏 2

参考文献

[1] 梁展翔，李咏絮．设计表现技法［M］．上海：上海人民美术出版社，2004.

[2] 符宗荣．室内设计表现图技法［M］．北京：中国建筑工业出版社，1996.

[3] ［日］山城义彦．现代透视图着色技法［M］．袁逸倩，洪再生，译．北京：中国建筑工业出版社，1999.

[4] 李沙，冯安娜．室内设计参考教程［M］．天津：天津大学出版社，1998.

[5] 陆震纬．室内设计［M］．成都：四川科学技术出版社，1987.

[6] 张绮曼，郑曙旸．室内设计资料集［M］．北京：中国建筑工业出版社，1991.

[7] 日本室内装饰手法编辑委员会．室内装饰手法［M］．［日］斋藤武，孙逸增，译．沈阳：辽宁科学技术出版社，2000.

[8] 张福昌．室内设计制图技法［M］．北京：中国轻工业出版社，2001.

[9] 高祥生，韩巍，过伟敏．室内设计师手册［M］．北京：中国建筑工业出版社，2001.

[10] 吴坚，金颖平．新环节设计表现技法［M］．福州：福建美术出版社，2004.

[11] ［日］广川启智．日本建筑及空间设计精粹［M］．北京：中国轻工业出版社，2000.

[12] 侯林．设计速写［M］．北京：中国水利水电出版社，2006.

[13] 欧志恒．家居设计新视角［M］．北京：中国建材工业出版社，2002.

[14] 王治君．家居装饰品陈设艺术［M］．哈尔滨：黑龙江科学技术出版社，1999.

[15] 陈易．建筑室内设计［M］．上海：同济大学出版社，2001.